工学结合·基于工作过程导向的项目化创新系列教材
国家示范性高等职业教育机电类“十三五”规划教材

机械制造技术课程设计指导

Jixie Zhizao Jishu Kecheng Sheji Zhidao

▲主　编　莫持标
▲副主编　李慧娟　邹哲维

华中科技大学出版社
http://www.hustp.com
中国·武汉

图书在版编目(CIP)数据

机械制造技术课程设计指导/莫持标主编. —武汉：华中科技大学出版社，2017.6
ISBN 978-7-5680-3005-2

Ⅰ.①机… Ⅱ.①莫… Ⅲ.①机械制造工艺-课程设计-教学参考资料 Ⅳ.①TH16

中国版本图书馆 CIP 数据核字(2017)第 135116 号

机械制造技术课程设计指导
Jixie Zhizao Jishu Kecheng Sheji Zhidao

莫持标 主编

策划编辑：张　毅
责任编辑：张　毅
封面设计：孢　子
责任监印：朱　玢
出版发行：华中科技大学出版社(中国·武汉)　　电话：(027)81321913
　　　　　武汉市东湖新技术开发区华工科技园　　邮编：430223
录　　排：武汉市洪山区佳年华文印部
印　　刷：武汉华工鑫宏印务有限公司
开　　本：787mm×1092mm　1/16
印　　张：8
字　　数：187 千字
版　　次：2017 年 6 月第 1 版第 1 次印刷
定　　价：28.00 元

前言 QIANYAN

为了满足高职高专院校机械、机电类各专业的教学需要，指导学生做好机械制造技术课程设计，让学生更好更快地适应实际工作需要，我们根据工学结合、产教融合的原则，并结合多年的教学和实践经验，编写了本教材。书中介绍了课程设计的要求、内容、设计方法和步骤，并提供了工艺规程设计和夹具设计指导及设计范例，书中还编录了部分常用的工艺规程设计和夹具设计的相关资料。

本书共四章，第 1 章为机械制造技术课程设计概述，第 2 章为机械加工工艺规程设计指导，第 3 章为机床夹具设计指导，第 4 章为课程设计实例，附录为常用课程设计资料。本书是校企合作编写的高职高专院校机械类、机电类专业的教材，同时按照高职高专教育的基本要求，结合有关院校教学改革、课程改革的经验而编写的。

本书由江门职业技术学院莫持标担任主编，由咸宁职业技术学院李慧娟、长江工程职业技术学院邹哲维担任副主编，全书由莫持标统稿。江门今科机床有限公司总经理兼总工程师邝锦富对本书的编写提出了许多宝贵意见。

本书可作为高职高专教育应用型、技术技能型人才培养的机械类、机电类专业的辅助教材（也可作为学生毕业设计参考资料），同时可供有关工程技术人员和自学人员学习参考。

在本书编写过程中参考了国内兄弟院校的有关资料和文献，并得到同行专家老师的大力支持和帮助，在此向原作者和专家老师表示衷心感谢。

由于编者水平有限，编写时间仓促，书中错误及不当之处在所难免，恳切希望广大读者给予批评指正。

编　者

2017 年 6 月

目录 MULU

第1章 机械制造技术课程设计概述

1.1 课程设计的目的和要求

1.1.1 课程设计的目的

机械制造技术课程设计是机械制造技术课程教学的不可缺少的一个辅助环节。它是学生全面综合运用本课程及其相关先修课程的理论知识和实践知识进行加工工艺及夹具结构设计的一次重要实践。它对于培养学生编制机械加工工艺规程和机床夹具设计的能力,为以后做好毕业设计和到企业从事机械加工工艺与夹具设计工作具有十分重要的意义。本课程设计的目的如下。

(1) 培养学生综合运用机械制造工艺学及相关专业课程(工程材料与热处理、机械设计基础、公差与测量技术等)的理论知识,结合金工实习、生产实习中学到的实践知识,独立地分析和解决机械加工工艺问题,初步具备设计中等复杂程度零件工艺规程的能力。

(2) 能根据被加工零件的技术要求,运用夹具设计的基本原理和方法,学会拟定夹具设计方案,完成夹具结构设计,初步具备设计保证加工质量的高效、省力、经济合理的专用夹具的能力。

(3) 使学生熟悉和能够应用相关手册、标准、图表等技术资料,指导学生分析零件加工的技术要求,掌握从事工艺设计的方法和步骤。

(4) 进一步培养学生机械制图、设计计算、结构设计和编写技术文件等的基本技能。

(5) 培养学生耐心细致、科学分析、周密思考、吃苦耐劳的良好习惯。

(6) 培养学生解决工艺问题的能力,为学生今后进行毕业设计和到企业从事机械加工工艺与夹具设计工作打下良好的基础。

1.1.2 课程设计的要求

机械制造技术课程设计要求对一个中等复杂程度的零件编制一套机械加工工艺规程,按教师指定的某道加工工序设计一副专用夹具,并撰写设计说明书(课程设计时间只安排1周的可不进行夹具设计一项)。学生应在教师的指导下,认真地、有计划地、独立地按时完成设计任务。学生对待自己的设计任务必须如同在企业接受设计任务一样,对自己所做的技术方案、数据选择和计算结果必须高度负责,注意理论与实践相结合,以期使整个设计在技术上是先进的,在经济上是合理的,在生产中是可行的。

设计题目:(通常定为)××零件的机械加工工艺规程的编制及××工序专用夹具的设计。

生产纲领:3000～10000 件。

生产类型:批量生产。

具体要求:

产品零件图	1 张
产品毛坯图	1 张
机械加工工艺过程卡	1 套
机械加工工序卡	1 套
夹具总装图(A0 或 A1 图纸)	1 张(设计时间只安排 1 周的除外)
夹具主要零件图(A2～A4 图纸)	若干张(设计时间只安排 1 周的除外)
课程设计说明书(3000～5000 字)	1 份

1.2 课程设计的对象

机械制造技术课程设计的对象可从表 1-1 中选取,如图 1-1～图 1-3 所示。也可选择其他零件,如轴类零件、齿轮类零件等。

表 1-1 机械制造技术课程设计的对象

图　　名	材　　料	毛 坯 形 式	样例夹具
001 手柄	45 钢	铸件/锻件	钻夹具
002 套筒座	HT250	铸件	镗夹具
003 轴承座	HT250	铸件	车夹具

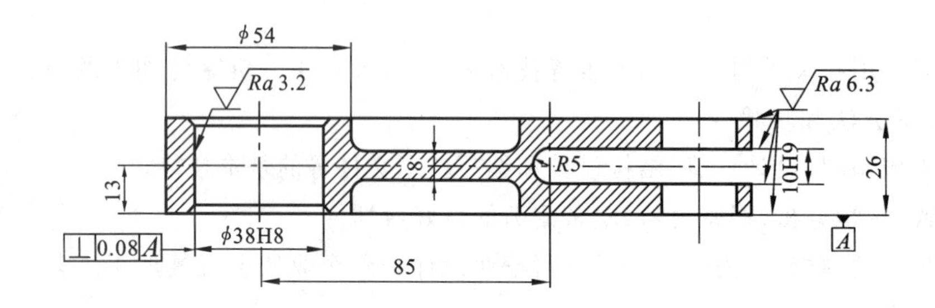

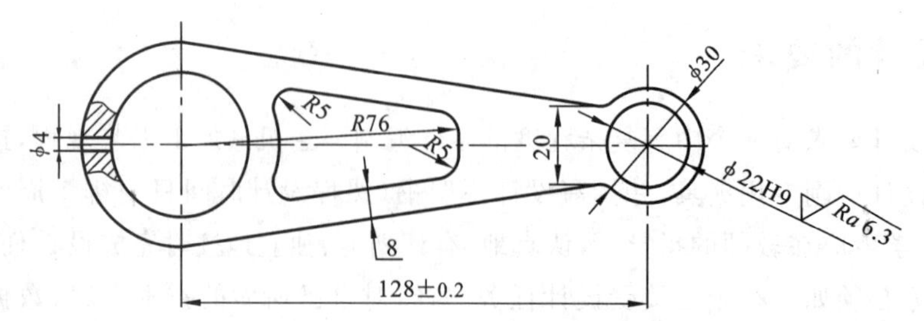

技术要求

1. 未注明圆角半径为 R3~5;
2. 未注明倒角为C1。

图 1-1　001 手柄

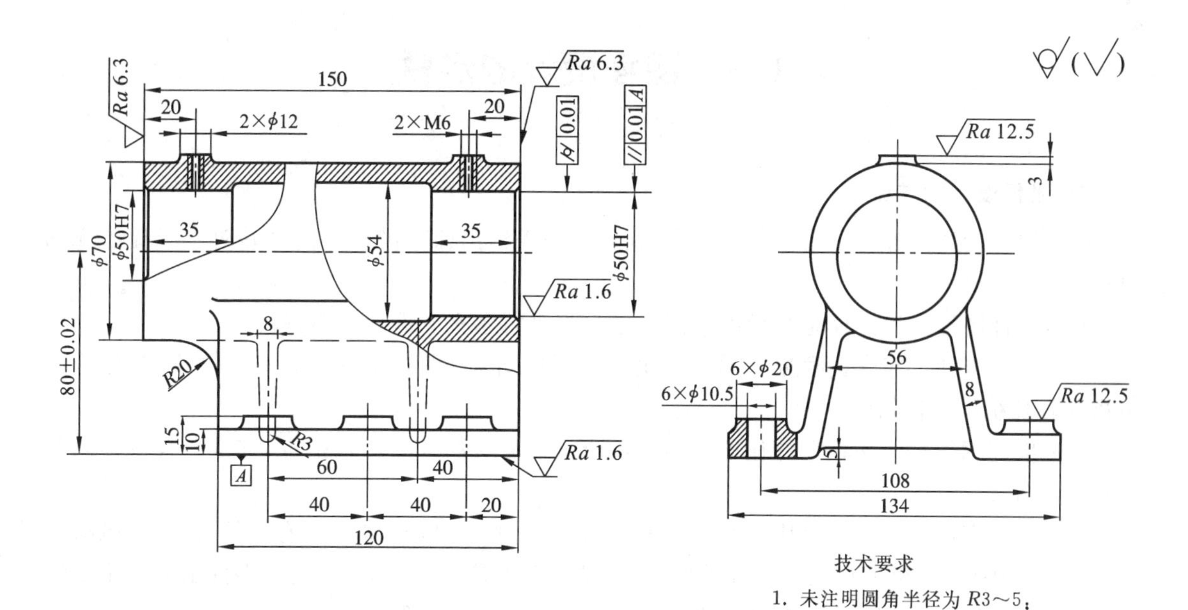

技术要求

1. 未注明圆角半径为 $R3\sim5$；
2. 未注明倒角为 $C1.5$。

图 1-2　002 套筒座

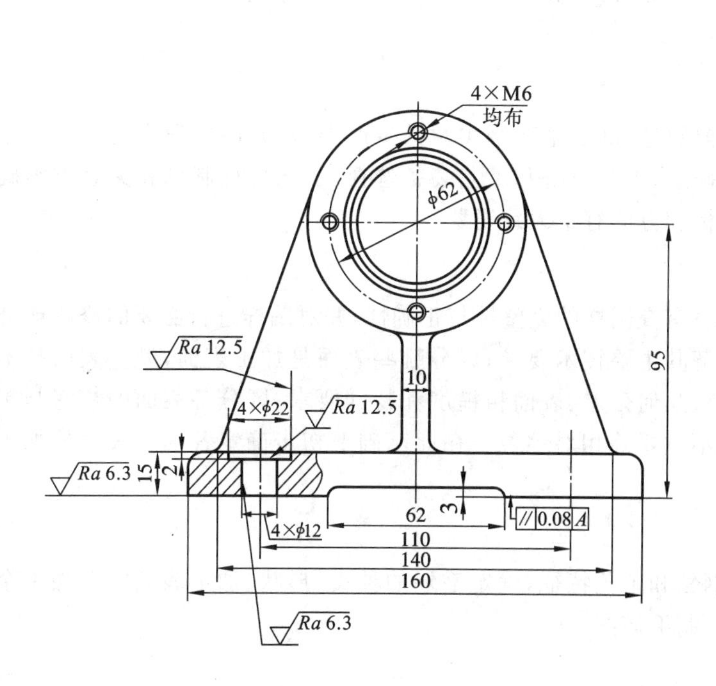

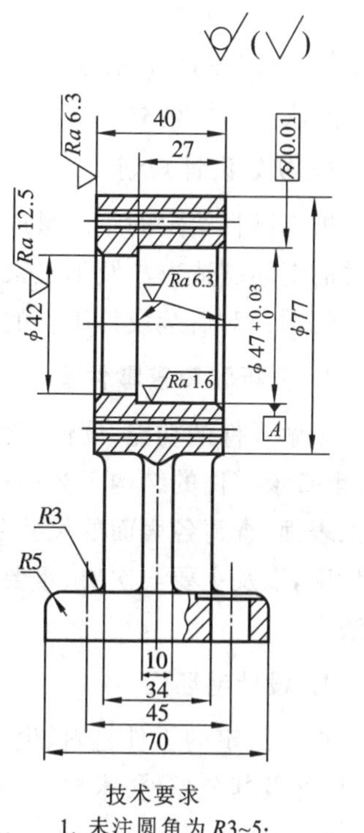

技术要求

1. 未注圆角为 $R3\sim5$；
2. 未注倒角为 $C2$。

图 1-3　003 轴承座

1.3 课程设计的步骤

1. 课程设计的准备

(1) 课程设计任务书。在该任务书中，指导教师需给出课程设计的内容并对学生提出详细要求。

(2) 零件图样。该图样是指导教师提供给学生进行审查和设计的对象。

(3) 工艺卡和工序卡。根据不同的用途、目的和要求，这两种卡片可以有不同格式，但应该由指导教师统一后发给学生。

(4) 生产纲领。应该在设计任务书中以年产量或需要数量的形式指定，它是课程设计入手的重要条件。

(5) 参考资料。设计中要用到很多参考资料，常用的有《机械加工工艺手册》、《金属机械加工工艺人员手册》、《机械加工工艺师手册》、《机械制造工艺设计手册》、《机械零件工艺性手册》、《切削用量手册》、《金属切削机床夹具设计手册》、《机械设计手册》、《机械零件设计手册》和各种标准等。此外，还有夹具模型及挂图、课程设计指导书和教材之类的资料。由设计者根据所在单位的图书资料条件尽可能地准备。

(6) 设计工具。若采用手工绘图，要准备图板、丁字尺、三角板、绘图工具、铅笔、图纸和设计室等；若采用计算机绘图，要准备计算机软、硬件，相关的绘图软件如 AutoCAD、CAXA、Solidedge 或 Solidworks 等。

2. 初始设计规划

根据题目给定的年产量或需要数量，确定生产纲领及其生产类型，并由此考虑与生产类型相关的毛坯制造方法及加工余量确定、工艺设备和工艺装备选择、工艺规程制订和夹具方案确定等问题。对后续设计工作的目标和方向有个大致规划。

3. 分析和审查零件图

了解零件的功能；读懂零件图；审查图样的完整性与正确性，并对图样进行必要的修改或补充；审查该零件的结构工艺性；了解其主要技术要求；区分哪些表面是加工表面，哪些表面是不加工表面；查清各表面的尺寸公差、几何公差、表面粗糙度和特殊要求；区分各表面的精密与粗糙程度，以及主要与次要、重要与不重要等相对地位。在此基础上初步确定各加工表面的加工方法。

4. 设计毛坯图

根据给定的零件材料、生产纲领和工艺特征，确定毛坯的种类、形状、加工表面的总加工余量、尺寸及其公差、技术要求等，绘制毛坯图。

5. 设计机械加工工艺规程

选择粗基准和精基准，确定各表面的加工方法，确定加工顺序，安排热处理工序及必要的辅助工序，确定各工序的加工设备、刀具、夹具、量具和辅具。

6. 设计夹具

对工艺规程中的某道工序拟使用的夹具进行设计，一般画一张 A1 图，最好手工绘制。画图时注意以下原则。

(1) 以有利于反映该工序加工的位置来选取投影视图,用细双点画线画出零件轮廓。

(2) 在零件定位表面处画出定位元件或机构图。

(3) 在夹紧位置处画出夹紧机构图。

(4) 在对刀位置处画出对刀元件或刀具导引装置图。

(5) 画出与机床连接的元件及其他元件图。

(6) 绘图时要遵守国家标准规定的画法,能用标准件的尽量采用标准件。

(7) 为表达清楚夹具结构,应有足够的视图、剖面图、局部视图等。

(8) 夹具图上应标注夹具的总体轮廓尺寸、对刀尺寸、配合尺寸、联系尺寸及配合公差要求,并标明夹具制造、验收和使用的技术要求。

(9) 在夹具图右下角绘制国家标准规定的标题栏和明细表,表中详细列出零件的名称、代号、数量、材料、热处理及其他要求。

7. 设计机械加工工序

确定所设计夹具的工序的工序余量,计算工序尺寸及公差,确定工序的切削用量及工时定额。

8. 填写工艺文件

将上述设计结果填入工艺过程卡和工序卡。

9. 编写设计说明书

设计说明书是读者解读设计结果的依据。说明书应书写整洁,简明扼要,注意编号和排版。用专用“设计说明书”纸张书写,可包括以下内容并按顺序装订。

(1) 设计说明书封面。

(2) 摘要。

(3) 序言(或前言)。

(4) 目录。

(5) 正文。正文内容主要包括:机械加工工艺规程设计、机械加工工序设计和夹具设计三大部分。机械加工工艺规程设计部分包括:生产纲领和生产类型确定,零件图样审查,结构工艺性和技术要求分析,毛坯选择,加工余量的确定,工艺路线安排,机床、刀具、夹具、量具的选择。机械加工工序设计部分包括:切削用量的确定,工序余量及公差的计算,工时定额的计算等。夹具设计部分包括:夹具总体方案的比较和选择,各类夹具元件的选用,夹紧机构的计算,夹具动作原理及操作方法等。

(6) 设计心得体会、小结。

(7) 参考文献。设计中使用过的参考文献应在正文引用处进行标识,在设计说明书结尾处按顺序列出,并按规范格式著录。

10. 整理设计材料

将所有设计材料整理并装订成册,提交给指导教师。

11. 答辩

在课程设计的答辩中,一般要求学生先在规定时间内报告自己的设计,然后答辩教师就设计所覆盖的知识面或需要解决的问题提出若干问题与学生探讨,并对学生的设计质量进行综合评判。课程设计只有 1 周的可省去答辨环节。

1.4 课程设计的注意事项

1.4.1 设计应贯彻标准化原则

在设计过程中,必须自始至终注意在以下几个方面贯彻标准化原则,在引用和借鉴他人的资料时,如发现使用旧标准或不符合相应标准的,应做出修改。

(1) 图纸的幅面、格式应符合国家标准的规定。

(2) 图样中所有用的术语、符号、代号和计量单位应符合相应的标准规定,文字应规范。

(3) 标题栏、明细栏的填写应符合标准。

(4) 图样的绘制和尺寸的标注应符合机械制图国家标准的规定。

(5) 有关尺寸、尺寸公差、几何公差和表面粗糙度应符合相应的标准规定。

(6) 选用的零件结构要素应符合有关标准。

(7) 选用的材料、标准件应符合有关标准。

(8) 应正确选用标准件、通用件和代用件。

(9) 工艺文件的格式应符合有关的标准规定。

1.4.2 撰写说明书应注意的事项

说明书应概括地介绍设计全貌,对设计中的各部分内容应作重点说明、分析论证及必要的计算。要求系统性好、条理清楚、图文并茂,充分表达自己的见解,力求避免抄书。

(1) 学生从设计一开始就应随时逐项记录设计内容、计算结果、分析意见和资料来源,以及教师的合理意见、自己的见解与结论等。每一设计阶段过后,即可整理、编写出有关部分的说明书,待全部设计结束后,只要稍作整理,便可装订成册。不要将这些工作完全集中在设计后期完成,以节省时间,避免错误。

(2) 说明书要求字迹工整,语言简练,文字通顺,逻辑性强;文中应附有必要的简图和表格,图例应清晰。

(3) 所引用的公式、数据应注明来源,文内公式、图表、数据等出处,应以“[ ]”注明参考文献的序号。

(4) 计算部分应有必要的计算过程。

(5) 说明书封面应采用统一印发的格式。如果学生自行打印说明书,则内芯用 16 开纸,四周边加框线,书写后装订成册。

1.4.3 拟定工艺路线应注意的事项

撰写工艺路线,尤其是在选择加工方法、安排加工顺序时,要考虑和注意以下事项。

(1) 表面成形。应首先加工出精基准面,再尽量以统一的精基准定位加工其余表面,并要考虑到各种工艺手段最适合加工什么表面。

(2) 保证质量。应注意到在各种加工方案中保证尺寸精度、形状精度和表面相互位置精度达到设计要求；是否要粗、精分开，加工阶段应如何划分；怎样保证工件无夹压变形；怎样减少热变形；采用怎样的热处理手段以改善加工条件、消除应力和稳定尺寸；如何减小误差复映；对某些相互位置精度要求极高的表面，可考虑采用互为基准反复加工的办法等。

(3) 减小消耗，降低成本。要注意发挥工厂原有的优势和潜力，充分利用现有的生产条件和设备；尽量缩短工艺准备时间并迅速投产。避免贵重稀缺材料的使用和消耗。

(4) 提高生产率。在现有通用设备的基础上考虑成批生产的工艺时，工序宜分散，并配备足够的专用工艺装备；当采用高效机床、专用机床或数控机床时，工序宜集中，以提高生产效率，保证质量。应尽可能减少工件在车间内和车间之间的流动，必要时考虑引进先进、高效的工艺技术。

(5) 确定机床和工艺装备。选择机床和工工艺装备，其型号、规格、精度应与零件尺寸大小、精度、生产纲领和工厂的具体条件相适应。

在课程设计中，专用夹具、专用刀具和专用量具，统一采用以下代号编号方法：

D—刀具　J—夹具　L—量具　C—车床　X—铣床

Z—钻床　B—刨床　T—镗床　M—磨床

专用工艺装备编号示例如下：

CJ-01　车床专用夹具 1 号　ZD-02 钻床专用刀具 2 号

TL-01　镗床专用量具 1 号

(6) 工艺方案的对比取舍。为保证质量的可靠性，应对各方案进行技术经济分析，对生产率和经济性(注意：在什么情况下主要对比不同方案的工艺成本，在什么情况下主要对比不同方案的投资回收期)进行对比，最后综合对比结果，选择最优方案。

1.5　课程设计的进度计划及应提交的成果材料

教学计划为 2 周的机械制造技术课程设计，工作时间共 10 天，进度计划如下(仅供参考)。

(1) 设计准备、初始设计规划、分析和审查零件图(1 天)。

(2) 毛坯设计(1 天)。

(3) 机械加工工艺规程设计(1 天)。

(4) 机床夹具设计(4 天)。

(5) 机械加工工序设计、填写工艺过程卡及工序卡(1 天)。

(6) 编写设计说明书(1 天)。

(7) 整理设计资料和答辩(1 天)。

在设计中，应参照进度计划，拟订自己的设计计划；经常检查设计工作进展情况，按计划进行工作，确保按时完成设计任务；对每天的工作内容进行记录，将记录作为设计说明书的底稿，底稿经整理、补充或修改后即为完整的设计说明书，这样可以提高设计效率。

课程设计只有 1 周的可省去机床夹具设计环节。

1.6 课程设计的考核

课程设计要对学生的平时表现、设计质量和答辩进行综合考核。成绩评定通常采用五级制评定，也可以采用相对评分法或百分制评定。表 1-2 所示为一种经过多年试用，效果较好的百分制评定方法。

表 1-2 课程设计学生成绩评定表

评分指标		满分值	评分	合计	总评成绩
平时表现（占 30%）	遵守纪律情况	5			
	学习态度和努力程度	5			
	独立工作能力	5			
	工作作风严谨性	5			
	文献检索和利用能力	5			
	与指导教师探讨能力	5			
设计的数量和质量（占 50%）	方案选择合理性	3			
	方案比较和论证能力	3			
	设计思想和设计步骤	3			
	设计计算及分析讨论	3			
	设计说明书页数	5			
	设计说明书内容完备性	3			
设计的数量和质量（占 50%）	设计说明书结构合理性	2			
	设计说明书书写工整程度	2			
	设计说明书文字条理性	2			
	图样数量	5			
	图样表达正确程度	5			
	图样标准化程度	5			
	图面质量	5			
	设计是否有应用价值	2			
	设计是否有创新	2			
答辩（占 20%）	表达能力	4			
	报告内容	8			
	回答问题情况	6			
	报告时间	2			

说明：本表以百分制记录成绩，不必转换为等级制。

第 2 章

机械加工工艺规程设计指导

2.1　机械加工工艺规程设计概述

2.1.1　基本概念

1. 工艺

工艺是指制造产品的技巧、方法和程序。采用机械加工方法直接改变毛坯的形状、尺寸、各表面间相互位置及表面质量，使之成为合格零件的过程，称为机械加工工艺过程。机械加工工艺过程由按一定的顺序排列的若干道工序组成，每一道工序又可细分为安装、工位、工步及走刀等。例如，根据生产类型不同，图 2-1 所示的零件可以有表 2-1 和表 2-2 所示的工艺过程。

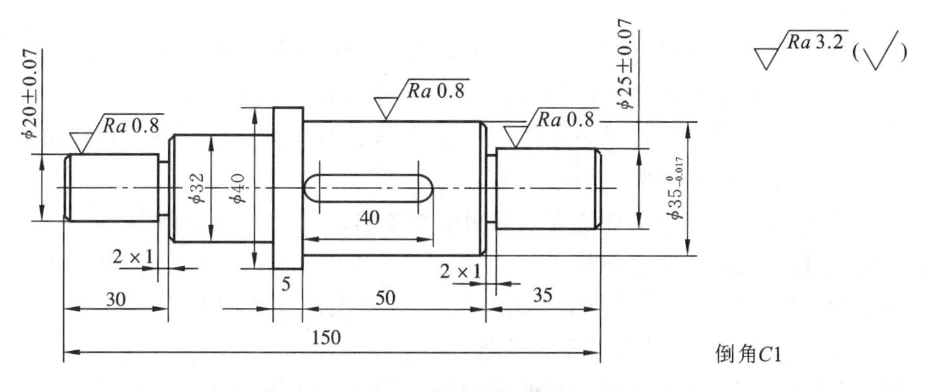

图 2-1　阶梯轴零件图

2. 机械加工工艺规程

机械加工工艺规程是指将制订好的零部件的机械加工工艺过程按一定的格式(通常为表格或图表)和要求描述出来，用以指导生产的指令性技术文件，简称工艺规程。

工艺规程有如下分类。

(1) 专用工艺规程，它是指针对某一个产品或零部件所设计的工艺规程；

(2) 典型工艺规程，它是指为一组结构特征和工艺特征相似的零部件所设计的通用工艺规程；

(3) 成组工艺规程，它是指按成组技术原理将零件分类成组，针对每一组零件所设计的通用工艺规程；

(4) 标准工艺规程，它是指已纳入标准的工艺规程。

典型工艺规程和成组工艺规程合称通用工艺规程。显然，课程设计属于专用工艺规程的设计。

表 2-1　单件、小批生产工艺过程

工序号	工 序 内 容	设　备
010	下料	锯床
020	车端面、打中心孔、车外圆、切退刀槽和倒角	车床
030	铣键槽	铣床
040	磨外圆	外圆磨床
050	去毛刺	钳工台
060	检验、入库	

表 2-2　大批量生产工艺过程

工序号	工 序 内 容	设　备
010	下料	锯床
020	铣端面、打中心孔	铣打专机
030	粗车外圆	车床
040	精车外圆并倒角、切退刀槽	车床
050	铣键槽	铣床
060	磨外圆	外圆磨床
070	去毛刺	钳工台
080	检验、入库	

2.1.2　工艺规程的文件形式及其使用范围

工艺规程通常以卡片或表格的形式填写,《工艺管理导则 第 5 部分:工艺规程设计》(GB/T 24737.5—2009)给出了如下工艺规程文件形式。

(1) 工艺过程卡:描述零部件加工过程中的工种(或工序)流转顺序,主要用于单件、小批生产的产品。

(2) 工艺卡:描述一个工种(或工序)中工步的流转顺序,用于各种批量生产的产品。

(3) 工序卡:主要用于大批量生产的产品和单件、小批量生产中的关键工序。

(4) 作业指导书:为确保生产某一过程的质量,对操作者应做的各项活动所作的详细规定。用于操作内容和要求基本相同的工序(或工位)。

(5) 工艺守则:某一专业应共同遵守的通用操作要求。

(6) 检验卡:用于关键重要工序检查。

(7) 调整卡:用于自动、半自动弧齿锥齿轮机床、自动生产线等加工。

(8) 毛坯图:用于铸件、锻件等毛坯的制造。

(9) 装配系统图:用于复杂产品的装配,与装配工艺过程卡配合使用。

课程设计中的零件多选择结构比较简单的中小零件,其目的是为学生提供一次完整的练习机会,采用的工艺文件形式是工艺卡、工序卡和毛坯图。对成批生产,也可以把工艺卡与工序卡结合起来,保留工艺卡中工序号、工序内容、设备、刀具、量具等信息,并加入工序卡中的工序简图,得到综合卡,用于成批生产前的试制过程的生产指导。

2.1.3　工艺规程的格式

《工艺规程格式》(JB/T 9165.2—1998)规定了 30 种工艺规程的格式:工艺规程幅面和表头、表尾及附加栏;木模工艺卡片;砂型铸造工艺卡片;熔模铸造工艺卡片;压力铸造工艺卡片;锻造工艺卡片;焊接工艺卡片;冷冲压工艺卡片;机械加工工艺过程卡片;机械加工工序卡片;标准零件或典型零件工艺过程卡片;单轴自动车床调整卡片;多轴自动车床调整卡片;热处理工艺卡片;感应加热热处理工艺卡片;工具热处理工艺卡片;电镀工艺卡片;表面处理工艺卡片;光学零件加工工艺卡片;塑料零件注射工艺卡片;塑料零件压制工艺卡片;粉末冶金零件工艺卡片;

装配工艺过程卡片；装配工序卡片；电气装配工艺卡片；油漆工艺卡片；机械加工工序操作指导卡片；检验卡片；工艺附图；工艺守则首页。

供学生课程设计使用的是机械加工工艺过程卡（见表 A-1）和机械加工工序卡（见表 A-2），工艺过程卡和工序卡的填写样例如表 4-8 和表 4-9 所示。

2.1.4 工艺规程的基本要求

工艺规程的基本要求有以下几个。

(1) 工艺规程是直接指导现场生产操作的重要技术文件，应做到正确、完整、统一、清晰。

(2) 在充分利用企业现有生产条件的基础上，尽可能采用国内外先进工艺技术和经验。

(3) 在保证产品质量的前提下，尽量提高生产率，降低成本、资源和能源消耗。

(4) 设计工艺规程必须考虑安全和环境保护要求。

(5) 对结构特征和工艺特征相近的零件应尽量设计典型工艺规程。

(6) 各专业工艺规程在设计过程中应协调一致，不得相互矛盾。

(7) 工艺规程的幅面、格式与填写方法可按 JB/T 9165.2—1998 的规定。

(8) 工艺规程中所用的术语、符号、代号要符合相应标准的规定。

(9) 工艺规程的编号应符合 GB/T 24735—2009 的规定。

课程设计中，对第二条要求，有条件的可以结合设计者所在部门的实验、生产条件进行，其余基本要求均应尽量满足。

2.1.5 设计工艺规程的主要依据

设计工艺规程的主要依据有以下几个。

(1) 产品图样及有关技术条件。

(2) 产品工艺方案。

(3) 毛坯材料与毛坯生产条件。

(4) 产品验收质量标准。

(5) 产品零部件工艺路线表或车间分工明细表。

(6) 产品生产纲领或生产任务。

(7) 现有的生产技术和企业的生产条件。

(8) 有关法律、法规及标准的要求。

(9) 有关设备和工艺装备资料。

(10) 国内外同类产品的有关工艺资料。

在课程设计中，一般给定产品图样和生产纲领，其余条件需要设计者主动获取。

2.1.6 工艺规程的设计程序

工艺规程的设计程序包括以下内容。

(1) 熟悉设计工艺规程所需的资料。

(2) 根据零件毛坯形式确定其制造方法。

(3) 设计工艺规程。

(4) 设计工序，其内容有：确定工序；确定工序中各工步的加工内容和顺序；选择或计算有

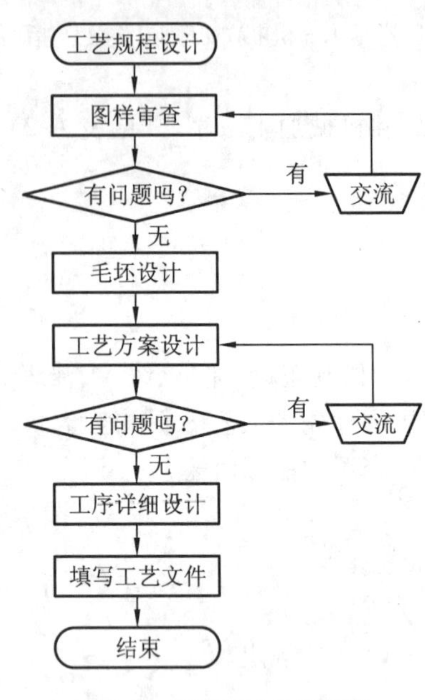

图 2-2　工艺规程设计流程

关工艺参数;选择设备或工艺装备;编制和绘制必要的工艺说明和工序简图;编制工序质量控制、安全控制文件。

(5) 提出外购工具明细表、专用工艺装备明细表、企业标准(通用)工具明细表、工位器具明细表和专用工艺装备设计任务书等。

(6) 编制工艺规程设计流程。

在课程设计中要进行全面的锻炼,要求所有程序都要完成。重点是图样审查、毛坯设计、工艺方案设计、工序详细设计和填写工艺文件,如图 2-2 所示。

2.1.7　工艺规程的审批程序

(1) 审核。工艺规程的审核一般可由产品主管工艺人员进行,关键或重要工艺规程可由工艺部门责任人审核。主要是审核工序安排和工艺要求是否合理,选用设备和工艺装备是否合理。

(2) 标准化审查。工艺规程标准化审查主要是看文件中所用的术语、符号、代号和计量单位是否符合相应标准,文字是否规范,毛坯材料是否符合标准,所选用的工艺装备是否符合标准,工艺尺寸、工序公差和表面结构等是否符合标准,工艺规程中的有关要求是否符合安全、资源消耗和环保标准。

(3) 会签。工艺规程经审核和标准化审查后,应送交有关部门会签。在会签时,应根据本生产部门的生产能力,审查工艺规程中安排的加工或装配内容在本生产部门能否实现,工艺规程中选用的设备和工艺装备是否合理。

(4) 批准。经会签后的成套工艺规程一般需经工艺部门责任人批准,成批生产产品和单件生产关键产品的工艺规程应由总工艺师或总工程师批准。

在课程设计中,工艺规程的审批程序由指导教师完成。

2.2　生产组织类型的确定

2.2.1　生产纲领

生产纲领是指企业在计划期间应当生产的产品数量和进度计划。计划期常为一年,所以生产纲领常称为年产量。当设计题目以需要数量的形式给出零件的数量时,就要先确定生产纲领,然后再确定生产类型。对零件而言,产品的产量除了制造机器所需要的数量之外,还包括一定的备品和废品,因此零件的生产纲领应按下式计算。

$$N=Qn(1+a)(1+b)$$

式中:N——零件的年产量(件/年);

Q——产品的年产量(台/年);

n——每台产品中该零件的数量(件/台);

a——该零件的备品率(备品百分率(%));

b——该零件的废品率(废品百分率(%))。

零件的备品率和废品率取决于企业的产品结构、生产方法、设备条件、生产规模、专业化程度、工人技术水平、管理水平、市场需求等。生产实际中,零件的备品率和废品率大多依靠经验确定,课程设计中一般取 $a=2\%\sim4\%$,$b=0.3\%\sim0.7\%$。

2.2.2 生产类型

机械制造业通常按年产量划分生产类型,如表 2-3 所示。

表 2-3 机械加工零件生产类型的划分

生产类型	工作地点每月担负的工序数	产品年产量/件		
		重型(>2000 kg)	中型(100~2000 kg)	轻型(<100 kg)
单件生产	不作规定	<5	<20	<100
小批生产	>20~40	5~100	20~200	100~500
中批生产	>10~20	100~300	200~500	500~5000
大批生产	>1~10	300~1000	500~5000	5000~50000
大量生产	1	>1000	>5000	>50000

由于大批和大量生产特点相近,单件和小批生产特点相近,所以在实际中,生产通常分为大批大量生产、成批生产和单件小批生产。不同的生产类型,工艺过程的特点是不同的,在一般情况下,大批大量生产采用机器造型、模锻等高效率的毛坯制造方法,毛坯精度高,加工余量小,采用高效率的专用机床、夹具、刀具、量具等工艺装备,工艺规程要求详细。单件小批生产采用手工木模造型、自由锻等毛坯制造方法,毛坯精度低,加工余量大,采用通用的机床、夹具、刀具、量具等工艺装备,工艺规程要求简单。成批生产的特点介于上述二者之间,采用部分机器造型、模锻等的毛坯制造方法,毛坯精度和加工余量中等,采用"通用+专用"结合的工艺装备,对关键零件的工艺规程有详细要求。

课程设计中因缺乏具体的生产条件,在确定了生产类型后,就要把不同的生产类型所具有的工艺过程的特点作为工艺规程设计的方向,完成后续的工艺规程设计。

2.3 零件图的审查

零件图样是最终验收产品的标准之一,也是指导工艺规程制定的主要依据。工艺规程设计之前,应该认真地对零件图样的完整性和正确性、各项加工技术要求的合理性、各表面加工的难易程度,以及零件的结构工艺性问题进行全面审查,如发现问题应及时解决。总结起来零件图样审查的内容如下。

(1) 熟悉产品的用途、性能和工作条件。

(2) 检查零件图样的完备性和正确性。

(3) 审查零件材料的选择是否恰当。

(4) 分析零件的技术要求是否合理。

(5) 审查零件的结构工艺性。

在课程设计中主要是对图样进行“三审查”——视图审查、技术要求审查和结构工艺性审查。

提供给设计者的零件图样并非生产用图，图样上会留有一些供设计者审查后修改的问题，在审图时注意查找。若发现问题请及时与指导教师联系，确认问题，然后修改图样。

2.3.1 视图审查

当拿到给定的零件图样时，首先要进行视图审查。制订的工艺规程最终是要将图样中的点、线、面组成的图形变成具体的零件实体，如果视图错误，依据错误的图样将设计出错误的工艺规程，从而将加工出错误的零件，甚至无法加工出零件。

视图审查包括视图的完备性和正确性审查，依据就是机械制图有关的标准。可先从看懂图样，根据图样建立零件的总体轮廓映像开始。

如图 1-1 所示的手柄零件图。从图样可以判断，该零件为典型的杆类零件，而且为连杆类零件。因此，其主要的要素应该包括两侧面和大、小头孔。另外，还有其他的辅助要素：小头的槽和大头的径向孔以及杆身部分的锻造结构。由此分别根据相关的几何特征要素分析其投影关系，建立其三维立体的轮廓。

又如图 1-3 所示的轴承座零件图。从图样可以判断，该零件为典型的支座类零件。支座类零件的主要几何要素是支承孔，以及安装底平面。其他辅助要素包括底平面的安装孔、支承孔周围的轴承盖连接孔以及支承座身的铸造结构。

2.3.2 技术要求审查

技术要求包括尺寸精度要求、几何精度要求、表面结构要求、材料及热处理要求、物理与力学性能要求等。

保证技术要求的正确性及合理性对学生来说的确是困难的，目前唯一遵循的就是在机械制图和公差配合与测量技术课程中学到的关于标注的要求。至于是不是要标注这样的要求，如尺寸精度、几何精度、表面粗糙度的数值大小，一方面与产品的设计性能要求有关，另一方面也需要根据经验来确定。所以要做一个好的设计师或工艺师就必须多读图，多读正规的设计图样，以增强自己的感性认识。另外，技术要求的合理性与当前的加工条件有着密不可分的关系，不了解本企业的生产条件、生产能力的工程师是无法判断图样上的技术要求是否能满足经济性要求的。

对课程设计者来说，审查图样上的技术要求，也是一次认识图样、积累经验的过程。要将技术要求一个不漏地找出来，并用笔记本记录下来，如表 2-4 所示。因为如果遗漏任何一个加工面及其加工要求，都将加工出不符合图样要求的零件，造成原则性的错误。

表 2-4 手柄零件加工表面及其加工要求

加 工 面	尺寸精度和几何精度要求	表面质量要求
两平面	26 mm，未注公差尺寸并要求有一定的对中性，是大头孔的基准面	$\sqrt{Ra\ 6.3}$
大头孔	直径 $\phi 38H8(^{+0.039}_{0})$ mm，孔口倒角 $C1$，与侧面垂直度为 0.08 mm	$\sqrt{Ra\ 3.2}$

续表

加 工 面	尺寸精度和几何精度要求	表面质量要求
小头孔	直径 $\phi 22H9(^{+0.052}_{0})$ mm，孔口倒角 C1，与大头孔中心距为 128±0.2 mm	$\sqrt{Ra\ 3.2}$
槽	槽宽 $10H9(^{+0.043}_{0})$ mm，控制槽底圆弧中心与大头孔中心距离为 85 mm	$\sqrt{Ra\ 6.3}$
径向孔	注油孔 $\phi 4$ mm，通过两孔中心连线及两侧对称面	$\sqrt{Ra\ 12.5}$
⋮	⋮	⋮

2.3.3 零件结构工艺性审查

零件结构工艺性分为生产工艺性和使用工艺性。生产工艺性是指零件制造的可行性、难易程度与经济性。使用工艺性是指产品的易操作性及其在使用过程中维修和保养的可行性、难易程度与经济性。

审查零件结构工艺性的目的是使产品在满足质量和用户要求的前提下符合工艺性要求，在现有生产条件下能用比较经济、合理的方法将其制造出来，并降低制造过程中对环境的负面影响，提高资源利用率，改善劳动条件，减少对操作者的危害，且便于使用、维修和回收。

零件的结构工艺性审查涉及零件生产和使用的全过程，包括材料选择、毛坯生产、机械加工、热处理、机器装配、机器使用、维护、报废、回收和再利用等。在课程设计中主要考虑有关零件的毛坯生产、机械加工、热处理等方面的生产工艺性。

零件结构工艺性的判断亦无规律可循，更多的是依据所积累的经验，在教材及相关的手册上都有很多这样的图例可供读者研究。其实，结构工艺性的优劣是随着加工手段的进步而不断变化的。对传统工艺方法而言不合理的结构，可能对于新的加工手段却是良好的。所以，判断零件的结构工艺性的优劣，主要应依据所采取的加工工艺手段。以下是《工艺管理导则 第 3 部分：产品结构工艺性审查》(GB/T 24737.3—2009)所规定的结构工艺性基本要求，可供设计时参考，更详细的内容可以参见《机械零件工艺性手册》。

1. 零件结构的铸造工艺性基本要求

(1) 铸件的壁厚应合适、均匀，在满足零件要求情况下，尽量避免大的壁厚差，以降低制造难度。

(2) 铸件圆角要合理，并不得有尖角。

(3) 铸件的结构要尽量简化，并要有合理的拔模斜度，便于起模。

(4) 加强筋的厚度和分布要合理，以避免冷却时铸件变形或产生裂纹。

(5) 铸件的选材要合理。

(6) 铸件的内腔结构应使型芯数量少，并有利于型芯的固定和排气。

2. 零件结构的锻造工艺性基本要求

(1) 结构应力求简单对称。

(2) 模锻件应有合理的锻造斜度和圆角半径。

(3) 材料和结构应有可锻性。

3. 零件结构的冲压工艺性基本要求

(1) 结构应力求简单对称。

(2) 外形和内孔应尽量避免尖角。

(3) 圆角半径大小应利于成形。

(4) 选材应符合工艺要求。

4. 零件结构的焊接工艺性基本要求

(1) 焊接件所用的材料应具有可焊性。

(2) 焊缝的布置应有利于减小焊接应力及变形,并使能量和焊材消耗较少。

(3) 焊接接头的形式、位置和尺寸应满足焊接质量的要求。

(4) 焊接件的技术要求合理。

(5) 零件结构应有利于焊接操作。

(6) 应满足操作安全性和减少环境污染的要求。

5. 零件结构的热处理工艺性基本要求

(1) 对热处理的技术要求要合理。

(2) 热处理零件应尽量避免尖角、锐边、盲孔。

(3) 截面要尽量均匀、对称。

(4) 零件材料应与所要求的物理、力学性能相适应。

(5) 零件材料热处理过程对环境的污染较轻。

6. 零件结构的切削加工工艺性基本要求

(1) 尺寸公差、几何公差和表面结构的要求应经济、合理。

(2) 各加工表面几何形状应尽量简单。

(3) 有相互位置要求的表面应尽量在一次装夹中加工。

(4) 零件应有合理的工艺基准并尽量与设计基准一致。

(5) 零件的结构要素宜统一,并尽量使其能使用普通设备和标准刀具进行加工。

(6) 零件的结构应便于多件同时加工。

(7) 零件的结构应便于装夹、加工和检查。

(8) 零件的结构应便于使用较少切削液加工。

2.4 毛坯的确定

工艺人员要依据零件设计要求,确定毛坯种类、形状、尺寸及制造精度等。毛坯选择合理与否,对零件质量、金属消耗、机械加工量、生产效率和加工过程有直接的影响。

2.4.1 毛坯的制造形式

毛坯按其制造形式分为六类:型材、铸件、锻件、焊接件、冲压件和其他。每类又有若干种不同的制造方法。各类毛坯的特点及适用范围见表 2-5。选择毛坯种类时主要依据的是以下几个因素：① 零件设计图样规定的材料及力学性能；② 零件的结构形状及外形尺寸；③ 零件制造的经济性；④ 生产纲领；⑤ 现有的毛坯制造水平。

表 2-5 各类毛坯的特点及适用范围

毛坯种类	制造精度（IT）	加工余量	原 材 料	工件尺寸	工件形状	力学性能	适用生产类型
型 材	—	大	各种材料	小型	简单	较好	各种类型
型材焊接件	—	一般	钢	大中型	较复杂	有内应力	单件
砂型铸造件	13 级以下	大	铸铁、铸钢、青铜	各种尺寸	复杂	差	单件小批
自由锻造件	13 级以下	大	以钢为主	各种尺寸	较简单	好	单件小批
普通模锻件	11～15	一般	钢、锻铝、铜等	中小型	一般	好	中大批
钢模铸造件	10～12	较小	以铸铝为主	中小型	较复杂	较好	中大批
精密锻造件	8～11	较小	钢、锻铝等	小型	较复杂	较好	大批
压力铸造件	8～11	小	铸铁、铸钢、青铜	中小型	复杂	较好	中大批
熔模铸造件	7～10	很小	铸铁、铸钢、青铜	小型为主	复杂	较好	中大批
冲压件	8～10	小	钢	各种尺寸	复杂	好	大批
粉末冶金件	7～9	很小	铁、铜、铝基材料	中小尺寸	较复杂	一般	中大批
工程塑料件	9～11	较小	工程塑料	中小尺寸	复杂	一般	中大批

在课程设计中，给定的零件一般是中小零件，毛坯也主要是型材、铸件、锻件等，具体情况看零件图材料栏的说明。当零件材料为钢时，是选择型材还是锻件呢？如果是成批生产，一般选择锻件。

2.4.2 毛坯形状的确定

毛坯形状应力求接近成品形状，以减少机械加工量。当毛坯类型为铸件或锻件时，在确定毛坯形状时有以下一些问题要注意（详见《机械加工工艺手册》和《铸件设计规范》(JB/ZQ 4169—2006))。

1. 铸件形状

（1）铸件孔的最小尺寸，如表 2-6 所示。

表 2-6 铸件最小孔径尺寸　　单位：mm

铸造方法	成批生产	单件生产
砂型铸造	15～30	30～50
金属型铸造	10～20	—
压力铸造及熔模铸造	5～10	—

（2）铸件的最小壁厚，如表 2-7 所示。

表 2-7 常用铸件的最小壁厚 单位:mm

铸造方法	铸件尺寸	铸钢	灰铸铁
砂型	≤200×200	6～8	5～6
	>200×200～500×500	10～12	6～10
	>500×500	15～20	15～20
金属型	≤70×70	5	4
	>70×70～150×150	—	5
	>150×150	10	6

注:①一般铸造条件下,各种灰铸铁的最小允许壁厚:HT100 和 HT150 为 4～6 mm,HT200 为 6～8 mm,HT250 为 8～15 mm,HT300 和 HT350 为 15 mm,HT400 为不小于 20 mm;

②当改善铸造条件时,灰铸铁最小壁厚可达 3 mm。

(3) 铸件的起模斜度。铸件在垂直于分型面的面上需有铸造斜度,且各面斜度数值尽可能一致,以便于起模。常见起模斜度如表 2-8 所示。详见《铸件模样 起模斜度》(JB/T 5105—1991)。

表 2-8 铸件的最大起模斜度

测量面高度/mm	外表面				凹处内表面			
	金属模样、塑料模样		木模样		金属模样、塑料模样		木模样	
	黏土砂	自硬砂	黏土砂	自硬砂	黏土砂	自硬砂	黏土砂	自硬砂
≤10	2°20′	3°30′	2°55′	4°00′	4°35′	5°15′	5°45′	6°00′
>10～40	1°10′	1°50′	1°25′	2°05′	2°20′	2°45′	2°50′	3°00′
>40～100	0°30′	0°50′	0°40′	0°55′	1°05′	1°15′	1°15′	1°25′

注:①当凹处过深时,可用活块或芯子形成模样凹处内表面的起模斜度;

②对于起模困难的模样,允许采用较大的起模斜度,但不得比表中数值高 1 倍以上;

③芯盒的起模斜度可参照本表;

④当造型机工作比压在 700 kPa 以上时,允许将表中的起模斜度值增加,但增加不得超过 50%;

⑤铸件结构本身在起模方向上有足够斜度时,不另增加起模斜度;

⑥同一铸件,上、下两个模样的起模斜度应取在分型面上同一点。

(4) 铸件圆角半径。铸件壁部连接处的转角应有铸造圆角。壁厚不大于 25 mm 且直角连接时,铸造内圆角半径一般取壁厚的 0.2～0.4 倍,计算后圆整为 4、6、8、10 mm,外圆角半径可取为 2 mm。详见《铸造内圆角》(JB/ZQ 4255—2006)、《铸造外圆角》(JB/ZQ 4256—2006)或《机械设计手册》。同一铸件的圆角半径大小应尽量相同或接近。

(5) 铸件浇铸位置及分型面选择。铸件的重要加工面或主要工作面一般应处于底面或侧面,避免气孔、砂眼、疏松、缩孔等缺陷出现在工作面上;大平面尽可能朝下或采用倾斜浇铸,避免夹砂或夹渣缺陷;铸件的薄壁部分放在下部或侧面,以免产生浇不足的情况。

(6) 铸件的最小凸台高度。当尺寸不大于 180 mm 时,铸钢件的最小凸台高度为 5 mm,灰铸铁件的为 4 mm。

2. 锻件形状

(1) 锻件分模面的确定。锻件分模面的确定原则是保证锻件形状与零件的形状一致,并方便将锻件从锻模中取出。因此,锻件的分模位置应选择在具有最大水平投影的位置上,如图 2-3 所示。一般分模面选在锻件侧面的中部,以便于发现上、下错模;分模线应尽可能呈直线状。

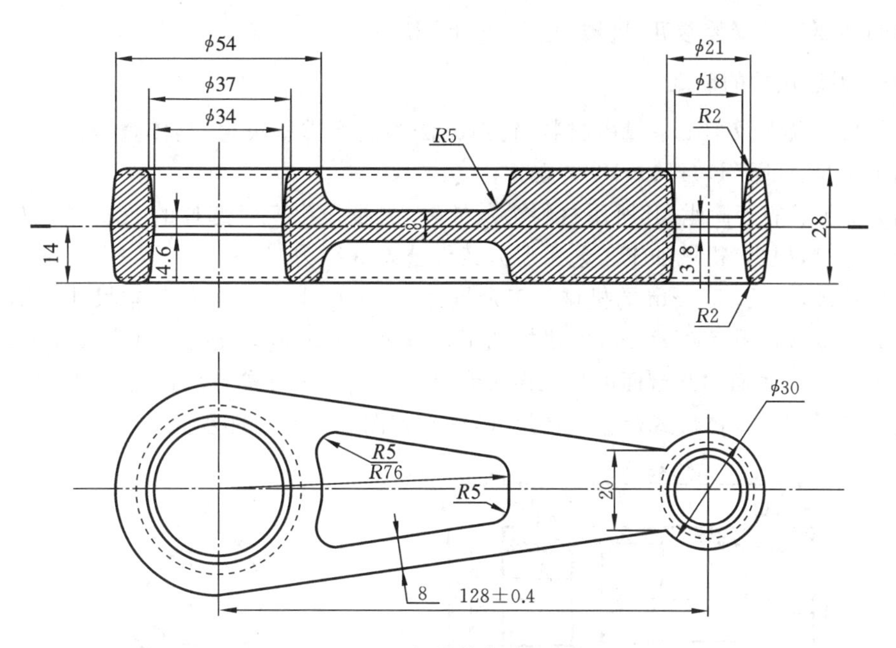

图 2-3 手柄零件锻造毛坯图

(2) 模锻斜度。模锻斜度是为了让锻件成形后能顺利出模,其数值如表 2-9 所示。

表 2-9 锤上模锻件的外模锻斜度值

长宽比 L/B	高宽比 H/B				
	≤1	>1~3	>3~4.5	>4.5~6.5	>6.5
≤1.5	5°	7°	10°	12°	15°
>1.5	5°	5°	7°	10°	12°

注:内模锻斜度按表中数值增大 2°~3°(15°除外)。

(3) 模锻件圆角。模锻件所有的转接处均需要圆角连接过渡。模锻件圆角半径数值可按表 2-10 中的公式计算后优先取 1 mm、1.5 mm、2 mm、2.5 mm、3 mm、4 mm、5 mm、6 mm、8 mm、10 mm、12 mm、15 mm、20 mm、25 mm 和 30 mm。

表 2-10 模锻件圆角半径计算表 单位:mm

高宽比 H/B	内圆角半径 r	外圆角半径 R
≤2	$0.05H+0.5$	$2.5r+0.5$
>2~4	$0.06H+0.5$	$3.0r+0.5$
>4	$0.07H+0.5$	$3.5r+0.5$

2.4.3 毛坯尺寸的确定

1. 型材毛坯尺寸的确定

毛坯为精轧圆棒料时,可以通过零件的基本尺寸及零件长度与基本尺寸之比查得毛坯尺寸。端面余量根据零件的长度及加工状态查得。

毛坯为易切削钢圆棒料时,通过零件的基本尺寸和车削长度与基本尺寸之比查得毛坯的直径。

棒料的主要技术参数参见《机械加工工艺手册》。

2. 铸件毛坯尺寸的确定

铸件的尺寸公差及加工余量由材料、铸造方法和生产类型决定，具体查阅《铸件 尺寸公差与机械加工余量》(GB/T 6414—1999)确定。

如图 2-4 所示的套筒座，其所用材料为灰铸铁，大批量生产时选择的毛坯铸造方法是金属型铸造机器造型，根据《机械加工工艺手册》，铸件公差等级为 CT8～10，取 CT9，加工余量等级为D～F，取 F 级，总长 150 mm 的机械加工余量为 1.5 mm，即该总长的基本尺寸为 151.5 mm，尺寸公差为 2.5 mm，孔 ϕ50H7 mm 的机械加工余量为 0.5 mm，即该孔的基本尺寸为ϕ49.5 mm，尺寸公差为 2 mm，底面和凸台面的加工余量和尺寸公差等级可参考总长确定，其他尺寸参照零件图查得。最后按照入体形式标注毛坯尺寸，得到如图 2-4 所示的毛坯尺寸。

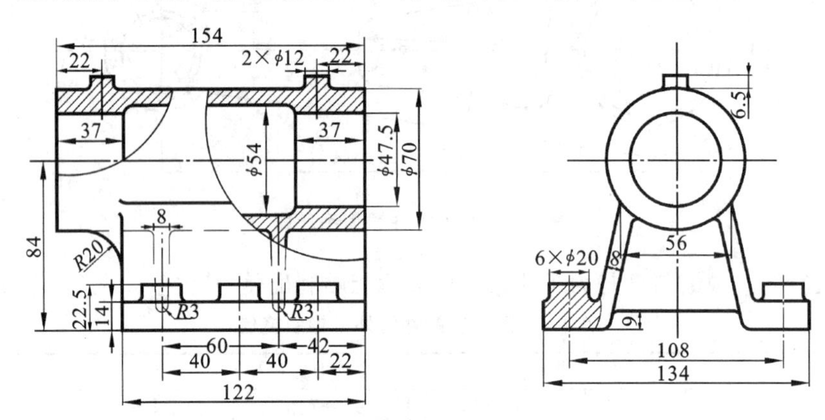

图 2-4 套筒座零件毛坯尺寸确定

3. 锻件毛坯尺寸的确定

锻件的加工余量及公差主要取决于锻件的长、宽、高、外径、内径、厚度、中心距等尺寸，具体可查阅《锤上钢质自由锻件机械加工余量与公差　一般要求》(GB/T 21469—2008)、《锤上钢质自由锻件机械加工余量与公差　轴类》(GB/T 21471—2008)、《锤上钢质自由锻件机械加工余量与公差　盘、柱、环、筒类》(GB/T 21470—2008)和《钢质模锻件公差及机械加工余量》(GB/T 12362—2003)确定。

模锻件的尺寸公差分为普通级和精密级两级，机械加工余量只有一级。确定模锻件公差及机械加工余量时主要需考虑的因素如下。

(1) 锻件质量。根据零件图基本尺寸估计机械加工余量，估算出锻件质量，按此质量查表确定公差和机械加工余量。

(2) 锻件的形状复杂系数。该系数由锻件的质量与相应的锻件外廓包容体的质量之比 S 确定，分为四级：S_1级(简单)，$0.63<S\leqslant1$；S_2级(一般)，$0.32<S\leqslant0.63$；S_3级(较复杂)，$0.16<S\leqslant0.32$；S_4级(复杂)，$0<S\leqslant0.16$。

(3) 分模线形状。分模线按形状分有平直分模线、对称弯曲分模线和不对称弯曲分模线三种。

(4) 锻件的材质系数。该系数按材料的碳元素和合金元素含量分为 M_1 和 M_2 两级。碳的质量分数小于 0.65%的碳素钢或合金元素总的质量分数小于 3%的合金钢材质系数属于 M_1 级，碳的质量分数不小于 0.65%的碳素钢或合金元素总的质量分数不小于 3%的合金钢材质系数属于 M_2 级。

(5) 零件加工表面粗糙度。按照表面粗糙度值 $Ra \geq 1.6\ \mu m$ 和表面粗糙度值 $Ra < 1.6\ \mu m$ 分两类。

(6) 加热条件。

如图 2-3 所示的手柄，毛坯估算质量约为 1.3 kg；批量生产时选择的毛坯制造方法是模锻；分模线平直对称；材质系数为 M_1 级；形状复杂系数≈1，为 S_1 级；厚度为 26 mm，按照普通级，由《机械加工工艺手册》查得其公差为 $^{+0.9}_{-0.3}$ mm，由《机械加工工艺手册》查得厚度方向的加工余量为1.5～2.0 mm。最终确定毛坯尺寸为 $28^{+0.9}_{-0.3}$ mm。

2.4.4 毛坯图的画法

把经过上述设计所确定的毛坯形式、形状、尺寸、分型面(分模面)、材料信息、技术要求等用图表达出来。如果设计时间有限，为提高效率，突出设计重点，也可以在给定的零件图的基础上，添加必要的加工余量、毛坯结构要素和尺寸，绘制成零件-毛坯综合图。

1. 铸造毛坯图

1) 铸造毛坯图的内容

铸件的毛坯图一般包括铸造毛坯的形状、尺寸公差、加工余量与工艺余量、铸造斜度及圆角、分型面、浇冒口残存位置、工艺基准、合金牌号、铸造方法及其他技术要求。

在图上标注出尺寸和有特殊要求的公差、铸造斜度和圆角；一般要求的公差、铸造斜度和圆角不标注在图上，应写在技术要求中。

2) 铸件的技术要求

(1) 材料。取自零件图，把零件图上的材料标记补充完整。

(2) 铸造方法。根据具体条件合理确定。

(3) 铸造的精度等级。参照零件图确定。

(4) 未注明的铸造斜度及半径。一般取自零件图。

(5) 铸件综合技术条件及检验规则的文件号，取自零件图或按有关文件自行确定。

(6) 铸件的检验等级。取自零件图。

(7) 铸件的交货状态。铸件的表面状态应符合标准，包括允许浇冒口残存的大小。

(8) 铸件是否进行气压或液压试验。取自零件图。

(9) 热处理硬度。取自零件图或按机械加工要求确定。

图 2-4 所示为铸造毛坯图的示例。

2. 锻造毛坯图

1) 锻件尺寸标注

在锻件图上用细双点画线绘出零件的轮廓，并采用机械加工相同的基准，使检验划线方便。零件尺寸用括号标注于锻件尺寸的下方；水平尺寸一般从交点注出，而不从分模面标注；尺寸标注基准应与机械加工时的基准一致，避免链式标注；侧斜走向的肋，应注出定位尺寸，避免注为角度；外形尺寸不应从变动范围大的工艺半径的圆心注出；零件的尺寸公差不应注出。

2) 锻件技术要求

对锻造毛坯的技术要求，需要确定以下几个方面内容。

(1) 锻件的热处理及硬度要求，测定硬度的位置。

(2) 需要取样检查试件的金相组织。

(3) 未注明的拔模角、圆角半径、尺寸公差。
(4) 锻件表面质量要求,表面允许缺陷的深度。
(5) 锻件外形允许的公差。
(6) 锻件的质量。
(7) 锻件内在的质量要求。
(8) 锻件的检验等级及验收的技术条件。
(9) 打印零件号和熔批号的位置等。

图 2-3 所示为锻造毛坯图的示例。

2.5 加工工艺路线的拟定

2.5.1 工作内容

前面已经研究了图样,也认识(设计)了毛坯,零件图样标示着工作最终要达到的目标,而毛坯是达到目标前的起步时的状态。现在要做的就是,规划出一条合理的工艺路线(方案),以充分地利用现有的生产条件,高效率、低成本地使零件从初始的毛坯状态最终达到图样要求的状态。这个过程必定是一个循环往复、不断优化的过程,同时也是并行工作的过程,即每时每刻都要综合考虑所做的每一个选择对整体工作的影响。这个过程要考虑的问题很多,其中以下一些技术问题是必须要考虑的。

1. 工件的装夹

机械加工工艺过程是由一道道工序组成的,而工件在每道工序加工时都需要装夹,即要完成对工件先定位后夹紧的工艺过程。工件是否容易装夹? 选择什么样的定位面和夹紧面? 夹具设计简单吗? 各道工序采用的装夹方式能否统一,以避免基准的多次更换带来的误差? 这些都是工件装夹方案选择时应该注意的。

2. 加工方法的选择

要加工出的零件不仅仅是一个几何实体,零件各个表面还有不同的技术要求。除了标有非去除材料加工符号(◯/)的表面外,其他表面都要一个不漏地用机械加工的方法完成加工,达到表面加工精度要求、表面质量要求及其他要求。如何才能给各加工表面选择出合适的加工方法(链)呢? 同时,加工方法(链)的经济性问题、效率问题,还有现有条件的限制等,都是选择加工方法(链)时应该注意的。

3. 工序内容的组织

不能把所有表面的加工全部放在一道工序中完成,也不能每一道工序只完成一个表面的某一次加工。应该将具有相近的加工性质的不同表面的加工内容组合到一道工序中,这就要用到集中与分散的原则。

4. 合理划分加工阶段

零件的各个表面,特别是要求较高的主要表面的加工,需经过粗加工、半精加工、精加工和光整加工等逐渐精化的步骤,以达到图样要求。精加工和光整加工主要用来达到图样的精度要求,加工余量小;粗加工主要用来将后续工序不能去除的加工表面余量不多不少地全部切除。根据完成的任务性质的不同,要将零件的机械加工工艺过程进行阶段的划分。应如何划分?有哪些好处?是不是一定要划分?对这些问题需要加以考虑。

5. 机械加工工序排序

既然是一个过程,就要考虑哪些工序安排在前、哪些工序安排在后加工的问题。在机械加工工艺过程中不仅要注意工序排序的问题,还要注意热处理等辅助工序合理安插的问题。热处理、表面处理、检验、去毛刺、清洗等也都是机械加工工艺过程中必不可少的内容,必须根据需要,在工艺路线中进行合理安排。

2.5.2 合理选择定位基准

1. 定位基准与定位基准面

在最初的工序中,定位基准面是经过铸造、锻造或轧制等得到的表面,这种未经加工的定位基准面称为粗基准面,俗称毛面。用粗基准面定位加工出光洁的表面后,就应该尽可能地用已经加工过的表面来作为定位表面,这种定位表面称为精基准面。有时由于零件结构的限制,为了便于装夹或获得所需的加工精度,在工件上特意加工出用于定位的表面,这种表面称为辅助基准面。基准面可以是有形的表面,也可以是无形的中心或对称平面;可以是今后实际与定位元件接触的表面,也可以是事先划线、加工时通过找正方法得到的表面。基准面选择的好坏直接关系到零件加工要求能否满足,关系到装夹的可靠性和方便性。

基准面选择的最主要的目标当然是满足每道工序的加工要求,特别是满足重要表面的关键工序的加工要求。所以基准面的选择应该从这样的加工工序开始,即首先正确地选择精基准面,然后再决定选择什么样的毛坯面作为加工精基准面的粗基准面。由此也将工艺过程原则上一分为二:前面工序的主要任务是将后面要用到的精基准面加工出来;后面工序的任务是利用已经加工好的精基准面去达到图样要求。基准面的选择和利用也就成为贯穿机械加工工艺过程始终的一条红线。

2. 精基准面的选择

1) 三个问题

(1) 经济合理地达到加工要求。

(2) 精基准面的确定。

(3) 第二基准面的选择。

2) 两条要求

(1) 足够的加工余量。

(2) 足够大的定位面和接触面积。

3) 一个关键

应尽量减少误差。

4) 四项原则

(1) 基准重合原则。用工序基准作为精基准,实现“基准重合”,以免产生基准不重合误差。

(2) 基准统一原则。当工件以某一组精基准定位可以较方便地加工其他各表面时,应尽可能在多数工序中采用此组精基准定位,实现“基准统一”,以减少工装设计制造费用,提高生产率,避免基准转换误差。

(3) 自为基准原则。当精加工或光整加工工序要求余量尽可能小而均匀时，应选择加工表面本身作为精基准，即遵循“自为基准”的原则。该加工表面与其他表面的位置精度要求由先行工序保证。

(4) 互为基准原则。为了获得均匀的加工余量或较高的位置精度，可以遵循互为基准、反复加工的原则。

5）实例分析

如图 5-3 所示的套筒座零件，该零件上的重要表面是套筒支承孔 $\phi50H7(^{+0.030}_{0})$mm，由于其与底面有平行度关系，所以底面自然就成为精基准面。考虑到第二基准面选择的方便性，将底面的一对螺栓过孔选为工艺孔，并将其精度由原来的 $\phi10.5$ mm 提高到 $\phi10.5H7(^{+0.018}_{0})$mm。该定位基准组合在后续支承孔及支承孔上径向孔的加工中都将作为精基准。显然，应该在工艺的开始阶段安排加工将来作为精基准的底面和底面工艺孔。

3. 粗基准面的选择

粗基准面的选择可根据以下几条原则来确定。

1）不加工表面与加工表面有位置要求

如果必须首先保证工件上加工表面与不加工表面之间的位置要求，应该以不加工表面作为粗基准。如果工件上有很多不加工表面，则应以其中与加工表面的位置精度要求较高的表面为粗基准。

2）主要表面要求保证余量均匀

如果必须首先保证工件某重要的表面的余量均匀，应选择该表面作为粗基准。

很显然，在轴承座的粗基准的选择上应该考虑到支承孔的加工余量要均匀，所以选择支承孔作为粗基准面来加工底面。

3）粗基准表面的质量要求要高

所选择的粗基准表面，应平整、光洁，没有浇口、冒口或飞边等缺陷，以便定位可靠。

4）粗基准不要重复使用

在同一加工尺寸方向上，粗基准一般原则上不要重复使用，以免产生较大的位置误差。

4. 辅助工艺基准面的选择

辅助工艺基准面的选择应符合工艺要求，以统一定位面，或者以选择合理定位面为目的，但以不破坏零件的功能和外观为前提。

如图 5-13 所示蜗杆零件上的重要表面是两个支承轴颈 $\phi30k6(^{+0.018}_{+0.002})$mm 及一个蜗杆螺纹面。在加工蜗杆螺纹面、键槽等特征面时采用基准重合原则以支承轴颈定位，而在加工支承轴颈时，必须考虑采用事先加工出顶尖孔，来作为辅助工艺基准进行定位。

5. 定位夹紧符号表达

机械加工工艺定位与夹紧符号参见《机械加工工艺手册》。在使用定位夹紧符号时应该注意以下几个方面。

(1) 在专用工艺装备设计说明书中，一般用定位夹紧符号标注。

(2) 在工艺规程中一般使用装置符号标注。

(3) 可以用一种符号标注或两种符号混注。

(4) 尽可能用最少的视图标全定位夹紧或装置符号。

(5) 夹紧符号的标注方向应与夹紧力的实际方向一致。

(6) 当仅用符号表示不明确时,可用文字补充说明。

2.5.3 零件表面加工方法的选择

零件表面的加工方法取决于加工表面的技术要求。这些技术要求包括因基准不重合而提高的对某些表面的加工要求,由于被作为精基准而可能对其提出的更高要求。根据各加工表面的技术要求,首先选择能保证该要求的最终加工方法,然后确定前期的加工方法。

1. 选择加工方法应考虑的因素

(1) 加工要求。加工方法的选择要与零件加工要求相适应。

(2) 经济精度。加工方法的选择要与零件加工经济精度相适应。

(3) 生产纲领。加工方法的选择要与零件加工生产纲领相适应。

(4) 结构形状。加工方法的选择要与零件结构形状相适应。

(5) 尺寸大小。加工方法的选择要与零件尺寸大小相适应。

(6) 生产实际。加工方法的选择要与生产现场实际相适应。

2. 加工方法分类

根据零件制造工艺过程中原有物料与加工后物料在质量上有无变化及变化的方向(增大或减少),可将零件制造工艺方法分为三类:材料成形法、材料去除法和材料累加法。

1) 材料成形法

材料成形法的特点是进入工艺过程的物料,其初始质量等于(或近似等于)加工后的最终质量。常用的材料成形法有铸造、锻压、冲压、粉末冶金、注塑成形等。

2) 材料去除法

材料去除法的特点是零件的最终几何形状局限在毛坯的初始几何形状范围内,零件形状的改变是通过去除一部分材料,即减少一部分质量来实现的。材料去除法又分为轨迹法、成形法、相切法和展成法等四种。

3) 材料累加法

传统的材料累加法主要是指焊接、粘接或铆接等工艺方法,通过这些不可拆卸的连接方法使物料结合成一个整体,形成零件。近几年发展起来的快速原型制造技术(RPM)是材料累加法的新成果。

3. 加工方法的选择

(1) 同一加工精度可以有不同加工方法组合。

(2) 不同加工方法组合可以达到同一精度。

(3) 遵循由后往前的原则。

(4) 综合考虑其他表面。

4. 传统加工方法

1) 外圆表面加工

外圆表面加工方法有车削、成形车削、旋转拉削、研磨、铣削、成形外圆磨(横磨)、普通外圆磨、无心磨、车铣和滚压等。

2) 内圆表面加工

内圆表面加工方法有钻孔、扩孔、铰孔、拉孔、挤孔和磨孔等。

3）平面加工

平面加工方法包括刨削、插削、铣削、磨削、车(镗)削和拉削等。

4）螺纹加工

螺纹加工方法包括车螺纹、攻螺纹、套螺纹、盘形铣刀铣螺纹、梳形铣刀铣螺纹、旋风铣铣螺纹、磨螺纹、滚压螺纹等。

5）齿形加工

渐开线齿形常用的加工方法有两大类，即成形法和展成法。成形法包括铣齿和成形磨齿，展成法包括滚齿、剃齿、插齿和磨齿等。

5. 常用的加工工艺路线

1）外圆表面的典型加工工艺路线

外圆表面的典型加工工艺路线如图 2-5 所示。

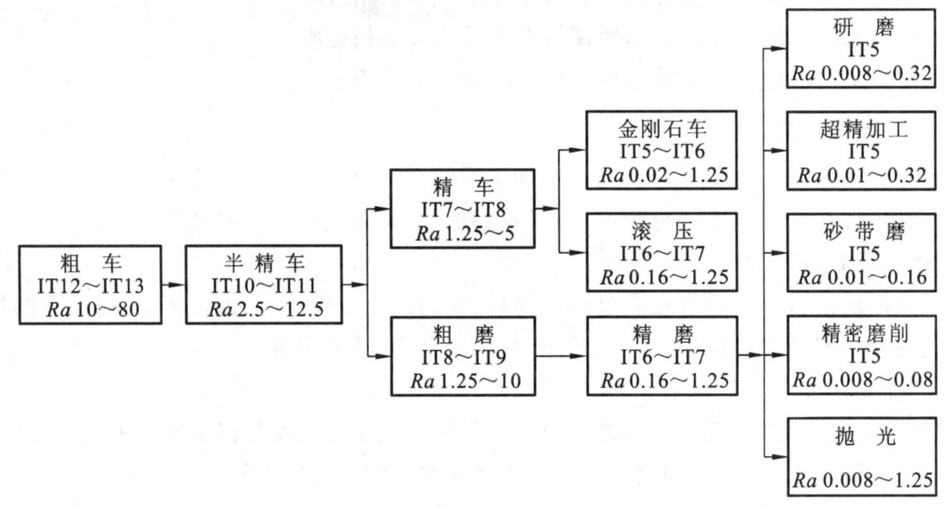

图 2-5 外圆表面的典型加工工艺路线

工艺路线 1：粗车→半精车→精车。这是应用最广泛的一条工艺路线，只要工件材料可以进行车削加工，精度要求不高于 IT7、表面粗糙度不小于 $Ra0.8\ \mu m$ 的零件表面，均可采用此工艺路线。如果精度要求较低，可只用到半精车，甚至只用粗车。

工艺路线 2：粗车→半精车→粗磨→精磨。这条工艺路线主要用于切削黑色金属材料，特别是结构钢零件和半精车后有淬火要求的零件。表面精度要求不高于 IT6、表面粗糙度不小于 $Ra0.16\ \mu m$ 的外圆表面，均可安排此工艺路线。

工艺路线 3：粗车→半精车→粗磨→精磨→光整加工。若采用工艺路线 2 仍不能满足精度，尤其是不能满足表面粗糙度要求时，可采用此工艺路线，即在精磨后增加一道光整加工工序。常用的光整加工方法有研磨、砂带磨、精密磨削、超精加工及抛光等。

工艺路线 4：粗车→半精车→精车→金刚石车。此工艺路线主要适用于工件材料不宜采用磨削加工的高精度外圆表面，如铜、铝等有色金属及其合金，以及非金属材料的零件表面。

2）内圆表面的典型加工工艺路线

内圆表面的典型加工工艺路线如图 2-6 所示。

工艺路线 1：钻(粗镗)→粗拉→精拉。此工艺路线多用于大批量生产中加工盘套类零件的圆孔、单键孔和花键孔。加工出的孔的尺寸精度可达 IT7，且加工质量稳定，生产效率高。当工

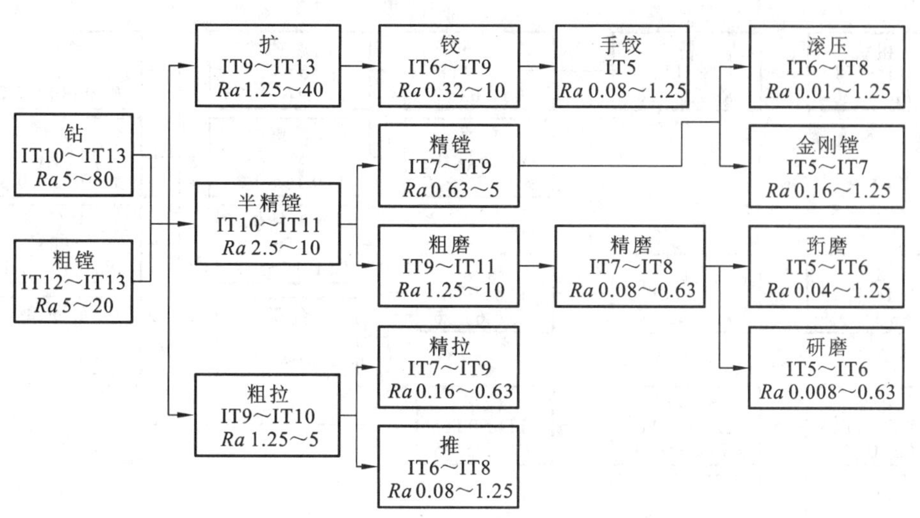

图 2-6 内圆表面的典型加工工艺路线

件上无铸出或锻出的毛坯孔时，第一道工序安排钻孔；若有毛坯孔，则安排粗镗孔；如毛坯孔的精度高，也可直接拉孔。

工艺路线 2：钻→扩→铰。此工艺路线主要用于直径 $D<50$ mm 的中小孔加工，是一条应用最为广泛的加工路线，在各种生产类型中都有应用。加工后孔的尺寸精度通常达 IT6～IT8，表面粗糙度为 $Ra0.8$～3.2 μm。若尺寸、几何精度和表面粗糙度要求更高，可在机铰后安排一次手铰。由于铰削加工对孔的位置误差的纠正能力差，因此孔的位置精度主要由钻→扩来保证；位置精度要求高的孔不宜采用此加工方案。

工艺路线 3：钻（粗镗）→半精镗→精镗→浮动镗（或金刚镗）。这也是一条应用非常广泛的工艺路线，在各种生产类型中都有应用，用于加工未经淬火的黑色金属及有色金属等材料的高精度孔和孔系（IT5～IT7 级，表面粗糙度为 $Ra0.16$～1.25 μm）。该路线与钻→扩→铰工艺路线不同的是：第一，所能加工的孔径范围大，一般直径 $D\geqslant 18$ mm 的孔即可采用装夹式镗刀镗孔；第二，加工出孔的位置精度高，如金刚镗多轴镗孔，孔距公差可控制在±(0.005～0.01)mm，常用于加工位置精度要求高的孔或孔系，如连杆大、小头孔，机床主轴箱孔系等。

工艺路线 4：钻（粗镗）→半精镗→粗磨→精磨→研磨（或珩磨）。这条工艺路线用于黑色金属特别是淬硬零件的高精度的孔加工。其中，研磨孔的原理和工艺与前述外圆研磨相同，只是此时所用研具是一圆棒。

说明：利用上述内圆加工工艺路线所得加工精度主要取决于操作者的操作水平；对于小孔加工，可采用特种加工方法。

3）平面的典型加工工艺路线

平面的典型加工工艺路线如图 2-7 所示。

工艺路线 1：粗铣→半精铣→精铣→高速精铣。铣削是平面加工中用得最多的方法。若采用高速精铣作为终加工，不但可达到较高的精度，而且可获得较高的生产效率。高速精铣的工艺特点是：高速（$v_c=200$～300 m/min），小进给（$f=0.03$～0.10 mm/z），小背吃刀量（$a_p<2$ mm）。高速精铣的加工精度和效率主要取决于铣床的精度和铣刀的材料、结构和精度，以及工艺系统的刚度。

工艺路线 2：粗刨→半精刨→精刨→宽刀精刨或刮研。此工艺路线以刨削加工为主。通

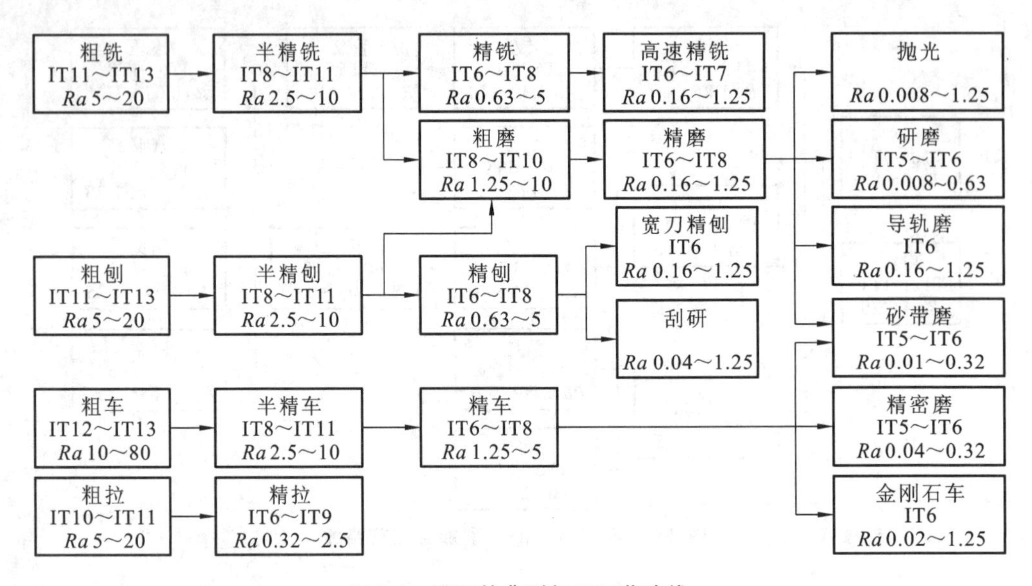

图 2-7　平面的典型加工工艺路线

常，刨削的生产率较铣削低，但机床运动精度易于保证，刨刀的刃磨和调整也较方便，故在单件小批生产，特别在重型机械生产中应用较多。

工艺路线 3：粗铣(刨)→半精铣(刨)→粗磨→精磨→研磨(或精密磨、砂带磨、抛光)。此工艺路线主要用于淬硬表面或高精度表面的加工，淬火工序可安排在半精铣(刨)之后。

工艺路线 4：粗拉→精拉。这是一条适合于大批量生产的工艺路线，其主要特点是生产率高，特别是对台阶面或有沟槽的表面进行加工时，优点更为突出。例如，发动机缸体的底平面、曲轴轴瓦的半圆孔及分界面，都是一次拉削完成的。由于拉削设备和拉刀价格昂贵，因此只有在大批量生产中使用才经济。

工艺路线 5：粗车→半精车→精车→金刚石车。此工艺路线以车削加工为主。通常，车削的生产率较高，机床运动精度易于保证，车刀的刃磨和调整也较方便，故在回转体零件表面加工，特别是在有色金属零件加工中应用较多。

6. 应用举例

图 1-1 所示的手柄零件图样，其毛坯图如图 2-3 所示。为了方便描述，分别给各主要的加工部位命名：下平面 *A*、上平面 *B*、ϕ38H8 mm 大头孔、ϕ22H9 mm 小头孔、10H9 mm 槽、ϕ4 mm 径向孔。零件的生产类型假定为成批生产。其加工方法的选择如表 2-11 所示。

表 2-11　手柄零件加工方法选择

加工面	尺寸精度和几何精度要求	表面质量要求	加工方法选择
下平面和上平面	26 mm，未注公差尺寸并要求有一定的对中性，大头孔的基准面	Ra6.3	粗铣 *A* 面→粗铣 *B* 面→精铣 *A* 面→精铣 *B* 面
大头孔	直径 $\phi38H8(^{+0.039}_{\ 0})$，孔口倒角 C1，与侧面垂直度为 0.08 mm	Ra3.2	粗镗→精镗 或扩孔→铰孔
小头孔	直径 $\phi22H9(^{+0.052}_{\ 0})$，孔口倒角 C1，与大头孔中心距为(128±0.2) mm	Ra3.2	

续表

加工面	尺寸精度和几何精度要求	表面质量要求	加工方法选择
槽	槽宽 10H9($^{+0.043}_{0}$),槽底圆弧中心与大头孔中心距离为 85 mm	$\sqrt{Ra6.3}$	铣
径向孔	注油孔 ϕ4 mm,通过两孔中心连线及两侧对称面	$\sqrt{Ra12.5}$	钻
辅助工序	孔口及锐边		手工倒角、去毛刺

2.5.4 工序内容的确定

工序内容的确定是通过工序的组合完成的。工序组合可采用工序的集中与分散的原则。

1. 工序分散的特点

工序多,工艺路线长,每道工序所包含的加工内容少,极端情况下每道工序只有一个工步;所使用的工艺设备与装备比较简单,易于调整与掌握;有利于选用合理的切削用量,减少基本时间;设备数量多,生产面积大;设备投资相对较少,易于更换产品。

2. 工序集中的特点

相对工序分散方式而言,工序集中有如下特点:零件各个表面的加工集中在少数几道工序内完成,每道工序的内容和工步都较多;有利于采用高效的专用设备和工艺装备,生产率高;生产计划和生产组织工作得到简化;生产面积和操作工人数量减少;工件装夹次数减少,辅助时间缩短,加工表面间的位置精度易于保证;设备、工艺装备投资大,调整、维护复杂;生产准备工作量大,更换新产品困难。

3. 应用举例

工序的分散和集中程度必须根据生产规模、零件的结构特点和技术要求、机床设备等具体生产条件综合分析确定。

例如,对于图 1-1 所示的手柄零件,假如生产类型为中小批,工序内容就趋向于集中,可以采用试切法:先粗铣 A 面,再粗铣 B 面,在一道工序内完成;精铣 A 面,再精铣 B 面,在一道工序内完成;粗镗大头孔,再粗镗小头孔,在一道工序内完成;精镗大头孔,再精镗小头孔,在一道工序内完成。这样工序相对较集中。但采用通用机床加工时,工件的装夹和刀具的调整使得工序的辅助时间延长,效率低。假如生产类型为大批生产,可以将上面所说的粗铣 A、B 面,精铣 A、B 面,粗镗大头孔、粗镗小头孔、精镗大头孔、精镗小头孔分别安排在不同的工序,使每道工序的加工内容单一,但这样使用的机床数量也就多了。

2.5.5 加工阶段的划分

1. 阶段的划分

按加工性质和作用的不同,机械加工工艺过程一般可划分为如下加工阶段:粗加工阶段、半精加工阶段、精加工阶段、光整加工阶段。在下列情况下,可以不划分加工阶段:加工质量要求不高;工件刚度足够;毛坯质量高和加工余量小。例如:在自动机床上加工的零件;装夹、运输不便的重型零件;在一次装夹中完成粗加工和精加工,但需在粗加工后,重新以较小的夹紧力夹紧的零件。对这些零件均可以不划分加工阶段。

(1) 粗加工阶段,其主要任务是去除加工面多余的材料,并加工出精基准。这个阶段的主要问题是如何提高生产率。

(2) 半精加工阶段,其主要任务是使加工面达到一定的加工精度,为精加工做好准备。

在这个阶段,应继续切除余量,使主要表面达到一定的精度,并留一定的精加工余量以为精加工做准备,同时完成一些次要表面的加工。

(3) 精加工阶段,其主要任务是使加工面精度和表面粗糙度达到要求。

在这个阶段,切除余量少,应使主要表面达到规定的尺寸精度、几何精度和表面粗糙度要求。

(4) 光整加工阶段,其主要任务是精密和超精密加工,采用一些高精度的加工方法,使零件加工最终达到图样的精度要求。

在这个阶段,切除余量极少,主要是要降低表面粗糙度,使加工表面达到极高精度,一般不能提高几何精度。

划分加工阶段有以下优点:① 有利于保证零件的加工质量;② 有利于合理使用设备和保持精密机床的精度;③ 有利于热处理工序的安插;④ 有利于及早发现毛坯或在制品的缺陷,以减少损失。

划分加工阶段的好处明显,但并非绝对。同一种零件的加工可有不同的划分方法。

2. 应用举例

对于在课程设计中所用的中小零件,特别是精度要求不高的中小零件的加工,对加工阶段的划分并没有严格的要求,因为这些零件由于加工余量带来的切削力、切削热、残余应力等问题并不是十分严重。当生产类型为中小批时,可以不加考虑;当生产类型为成批生产时,只需遵循粗、精分开的原则就可以了,以便于提高机床的利用率。表 2-12 所示为手柄零件加工阶段的划分。

表 2-12　手柄零件加工阶段的划分

<table>
<tr><th>加工阶段</th><th>加工内容</th><th>说　明</th></tr>
<tr><td rowspan="4">基准面加工</td><td>粗铣 A 面</td><td rowspan="4">互为基准,反复加工</td></tr>
<tr><td>粗铣 B 面</td></tr>
<tr><td>精铣 A 面</td></tr>
<tr><td>精铣 B 面</td></tr>
<tr><td rowspan="4">粗加工</td><td>粗镗小头孔</td><td></td></tr>
<tr><td>粗镗大头孔</td><td></td></tr>
<tr><td>铣槽</td><td rowspan="2">若放在精镗工序之后,将会使大、小头孔内的毛刺难以去除</td></tr>
<tr><td>钻大头径向孔</td></tr>
<tr><td rowspan="2">精加工</td><td>精镗小头孔</td><td rowspan="2">若上述的槽和径向孔相对于大、小头孔有较高的位置要求,应该放在大、小头孔的精镗工序后,然后在槽和径向孔加工完成后增加一道大、小头孔的镗削工序,用于去毛刺</td></tr>
<tr><td>精镗大头孔</td></tr>
</table>

2.5.6 工序顺序的确定

1. 工序顺序确定的原则

1）划线工序

对于形状复杂、尺寸较大的毛坯或尺寸偏差较大的毛坯，应先安排划线工序，为精基准加工提供找正基准。

2）基面先行

按“先基面后其他”的顺序，先加工精基准面，再以加工出的精基准面为定位基准，安排其他表面的加工。

精加工前应先修整一下精基准面。

3）先粗后精

按先粗后精的顺序，对精度要求较高的各主要表面依次进行粗加工、半精加工和精加工。

4）先主后次

先考虑主要表面加工，再安排次要表面加工。对次要表面加工，常常从加工方便与经济角度出发安排工序。

次要表面和主要表面之间往往有相互位置要求，常常要求在主要表面加工后，以主要表面定位加工次要表面。

5）先面后孔

当零件上有较大的平面可以作为定位基准时，先将其加工出来，再以面定位加工孔，这样可以保证定位准确、稳定。

在毛坯面上钻孔或镗孔，容易使钻头偏斜或打刀，若先将此面加工好，再加工孔，则可避免这些情况的发生。

6）关键工序

对于易出现废品的工序，精加工和光整加工可适当提前。在一般情况下，主要表面的精加工和光整加工应放在最后阶段进行。

2. 应用举例

手柄零件的机械加工工序安排如表 2-13 所示。

表 2-13 手柄零件机械加工工序安排

<table>
<tr><th>加工阶段</th><th>加工内容</th><th colspan="2">说明</th></tr>
<tr><td rowspan="4">基准面加工</td><td>粗铣 A 面</td><td rowspan="4">基准先行，先面后孔</td><td rowspan="6">先主后次，但次要表面的加工并非是安排在最后加工，要考虑到次要表面的加工对主要表面加工质量的影响</td></tr>
<tr><td>粗铣 B 面</td></tr>
<tr><td>精铣 A 面</td></tr>
<tr><td>精铣 B 面</td></tr>
<tr><td rowspan="4">粗加工</td><td>粗镗小头孔</td><td></td></tr>
<tr><td>粗镗大头孔</td><td></td></tr>
<tr><td>铣槽</td><td colspan="2" rowspan="2">若放在精镗工序之后，将会使得大、小头孔内的毛刺难以去除</td></tr>
<tr><td>钻大头径向孔</td></tr>
<tr><td rowspan="2">精加工</td><td>精镗小头孔</td><td colspan="2" rowspan="2">若上述的槽和径向孔相对于大、小头孔有较高的位置要求，应该放在大、小头孔的精镗工序后，然后在槽和径向孔加工完成后增加一道大、小头孔的镗削工序，用于去毛刺</td></tr>
<tr><td>精镗大头孔</td></tr>
</table>

2.5.7 热处理工序安排

(1) 退火与正火。退火与正火属于毛坯预备性热处理,应安排在机械加工之前进行。

(2) 时效处理。为了消除残余应力,对于尺寸大、结构复杂的铸件,需在粗加工前、后各安排一次时效处理;对于一般铸件,需在铸造后或粗加工后安排一次时效处理;对于精度要求高的铸件,需在半精加工前、后各安排一次时效处理;对于精度要求高、刚度差的零件,需在粗车、粗磨、半精磨后各安排一次时效处理。

(3) 淬火。淬火将使工件硬度提高且易使工件变形,故该工序应安排在精加工阶段的磨削加工前进行。

(4) 渗碳。渗碳易使工件产生变形,应安排在精加工前进行。为控制渗碳层厚度,渗碳前需要安排精加工。

(5) 渗氮。渗氮一般安排在工艺过程的后部,需渗氮表面的最终加工之前。在渗氮处理前应进行调质处理。

2.5.8 辅助工序

(1) 中间检验。中间检验一般安排在粗加工全部结束之后、精加工之前,送往外车间加工的前后(特别是热处理前后),花费工时较多和重要工序的前后。

(2) 特种检验。X射线检查、超声波探伤等多用于工件材料内部质量的检验,一般安排在工艺过程的开始;荧光检验、磁力探伤主要用于表面质量的检验,通常安排在精加工阶段,荧光检验如用于检查毛坯的裂纹,则安排在加工前。

(3) 表面处理。电镀、涂层、发蓝、氧化、阳极化等表面处理工序一般安排在工艺过程的最后进行。表2-14所示为手柄零件的一种加工工艺路线。

表 2-14 手柄零件加工工艺路线

工序号	加工内容	说明
010	锻造毛坯	
020	粗铣 A 面	留精铣余量
030	粗铣 B 面	留精铣余量
040	精铣 A 面	留 B 面的精铣余量
050	精铣 B 面	A、B 面达到图样要求
060	粗镗小头孔	留精镗余量
070	粗镗大头孔	留精镗余量
080	铣槽	达到图样要求
090	钻大头径向孔	达到图样要求
100	精镗小头孔	达到图样要求
110	精镗大头孔	达到图样要求
120	去毛刺	手工倒孔口角及去锐边毛刺
130	检验入库	

2.6 加工设备及工艺装备的选择

2.6.1 加工设备及工艺装备选择相关问题

机械加工设备包括各种机床，工艺装备包括刀具、夹具、模具、量具、检具、辅具、钳工工具、工位器具等，在选择时应注意如下问题。

(1) 在满足零件加工工艺的需要和可靠保证零件加工质量的前提下，设备和工艺装备的选择应与生产批量和生产节拍相适应，并应充分利用现有条件，以降低生产准备费用。

(2) 对必须改装或重新设计的专用或成组工艺装备，应在进行经济性分析和论证的基础上提出设计任务书。

(3) 设备和工艺装备直接影响加工精度、生产效率和制造成本。

(4) 中小批条件下可选用通用设备和工艺装备；大批量条件下可考虑制造专用设备和工艺装备。

(5) 设备和工艺装备的选择不仅要考虑投资的当前效益，还要考虑产品改型及转产的可能性，应使其具有足够的柔性。

2.6.2 机床的选择

1. 机床的分类

按加工性质和所用刀具，机床可分为十二大类：车床、钻床、镗床、磨床、齿轮加工机床、螺纹加工机床、铣床、刨插床、拉床、特种加工机床、锯床和其他机床。每一类机床，又可按其结构、性能和工艺特点的不同细分为若干组。详见《金属切削机床 型号编制方法》(GB/T 15375—2008)。

2. 机床的选择原则

正确选择机床设备是一件很重要的工作，它不但直接影响工件的加工质量，而且还影响工件的加工效率和制造成本。选择机床时应考虑以下几个因素。

(1) 机床尺寸规格与工件的形状尺寸应相适应。

(2) 机床精度等级与本工序加工要求应相适应。

(3) 机床电动机功率与本工序加工所需功率应相适应。

(4) 机床自动化程度和生产效率与生产类型应相适应。

3. 机床的选择示例

图 1-1 所示手柄零件各机械加工工序机床选择如表 2-15 所示。

表 2-15 手柄零件各机械加工工序机床选择

工序号	加工内容	机床设备	说明
010	锻造毛坯		外协
020	粗铣 *A* 面	X5032	常用，工作台尺寸、机床电动机功率均合适
030	粗铣 *B* 面	X5032	常用，工作台尺寸、机床电动机功率均合适

续表

工 序 号	加 工 内 容	机床设备	说　　明
040	精铣 *A* 面	X5032	常用，工作台尺寸、机床电动机功率均合适
050	精铣 *B* 面	X5032	常用，工作台尺寸、机床电动机功率均合适
060	粗镗小头孔	T68	常用，最大镗孔直径、机床电动机功率均合适
070	粗镗大头孔	T68	常用，最大镗孔直径、机床电动机功率均合适
080	铣槽	X5032	常用，工作台尺寸、机床电动机功率均合适
090	钻大头径向孔	Z5125A	常用，工件孔径、机床电动机功率均合适
100	精镗小头孔	T68	常用，最大镗孔直径、机床电动机功率均合适
110	精镗大头孔	T68	常用，最大镗孔直径、机床电动机功率均合适
120	去毛刺	—	手工倒孔口角及去锐边、毛刺
130	检验入库	—	—

2.6.3　刀具的选择

1. 金属切削刀具的选择原则

刀具的选择主要是确定刀具的材料、类型、结构和尺寸，这些都取决于所采用的加工方法，工件材料，加工的尺寸、精度和表面粗糙度的要求，生产率要求和加工经济性等。应尽量采用标准刀具，在大批量生产中应采用高生产率的复合刀具。

课程设计所涉及的刀具有切刀（车刀、刨刀、镗刀）、铣刀、孔加工刀具、砂轮、拉刀和丝锥。具体选择可查阅《机械加工工艺手册》。

2. 金属切削刀具的选择示例

图 1-1 所示手柄零件各机械加工工序刀具的选择如表 2-16 所示。

表 2-16　手柄零件各机械加工工序刀具选择

工序号	加工内容	机床设备	刀　　具	说　　明
010	锻造毛坯	—	—	符合要求
020	粗铣 *A* 面	X5032	镶齿套式面铣刀，刀盘直径为 80 mm	大头直径为 54 mm，查表知可以选择刀盘直径为 80 mm
030	粗铣 *B* 面	X5032		
040	精铣 *A* 面	X5032		
050	精铣 *B* 面	X5032		
060	粗镗小头孔	T68	整体高速钢扩孔钻	在镗床上使用扩孔钻代替镗刀加工效率更高，更方便。使用扩孔钻需要在工序详细设计时进行工序尺寸计算，扩孔钻直径待定
070	粗镗大头孔	T68	整体高速钢扩孔钻	
080	铣槽	X5032	ϕ10 mm 直柄立铣刀	
090	钻径向孔	Z5125A	ϕ4 mm 直柄麻花钻	根据加工直径选择
100	精镗小头孔	T68	机夹单刃镗刀	ϕ22H9 mm
110	精镗大头孔	T68	机夹单刃镗刀	ϕ38H9 mm
120	去毛刺	—	—	—
130	检验入库	—	—	—

2.7 工序简图的绘制

工序简图简称工序图，是机械加工工序卡片上附加的工艺简图，是用于说明被加工零件加工要求的简图。一般应在工序简图上表示出加工表面、工序尺寸和定位夹紧方案。

2.7.1 工序简图的绘制原则

工序简图的绘制应符合以下原则。

(1) 工序简图以适当的比例、最少的视图，表示出工件在加工时所处的位置状态，与本工序无关的部位可不必表示。一般以工件在加工时正对操作者的实际位置为主视图。

(2) 工序简图上应标明定位、夹紧符号，以表示出该工序的定位基准(面)、定位点、夹紧力的作用点及作用方向。

(3) 本工序的各加工表面用粗实线表示，其他部位用细实线表示。

(4) 加工表面上应标注出相应的尺寸、几何精度要求和表面粗糙度要求。与本工序加工无关的技术要求一律不标。

(5) 定位、夹紧和装置符号按照《机械加工工艺定位、夹紧符号》(JB/T 5061—2006)的规定选用。

2.7.2 工序简图上的定位、夹紧、装置符号

定位符号、定位点的表示方法及图形比例如图 2-8 所示，各种定位、夹紧符号如表 2-17 所示，常用定位装置符号如表 2-18 所示。其中，定位、夹紧、装置符号的线宽为《机械制图　图样画法　图线》(GB/T 4457.4—2002)规定的图线宽度 d 的 1/2，符号高度 h 应是工序图中数字高度的 1～1.5 倍。

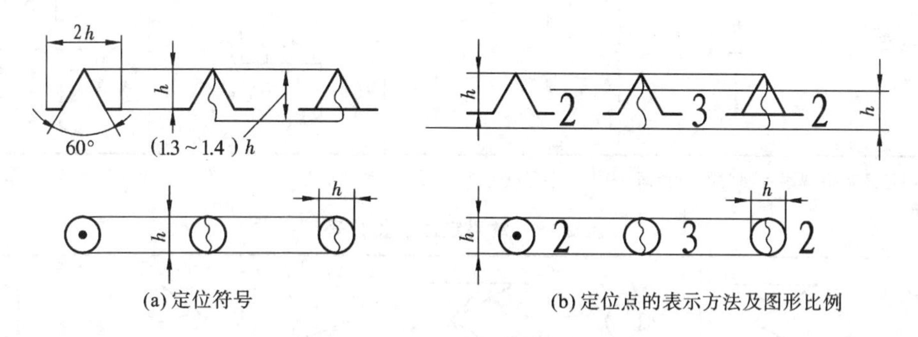

图 2-8　定位符号、定位点表示方法

定位符号、夹紧符号、装置符号可以单独使用，也可以联合使用，当仅用符号表示不明确时，可用文字补充说明(如定位元件所限制的工件自由度数)。定位、夹紧、装置符号的使用示例如表 2-19 所示。

表 2-17 机械加工定位、夹紧符号

分类		独立定位		联合定位	
		标注在视图轮廓线上	标注在视图正面	标注在视图轮廓线上	标注在视图正面
定位支承符号	固定式				
	活动式				
辅助支承符号					
夹紧符号	机械夹紧				
	液压夹紧	Y	Y	Y	Y
	气动夹紧	Q	Q	Q	Q
	电磁夹紧	D	D	D	D

注：视图正面是指观察者面对的投影面；表中的字母代号为大写的汉语拼音字母。

表 2-18 常用定位装置符号

固定顶尖	内顶尖	回转顶尖	外拨顶尖	内拨顶尖	浮动顶尖	伞形顶尖
圆柱心轴	锥度心轴	螺纹心轴	弹性心轴、弹簧夹轴		三爪卡盘	四爪卡盘

续表

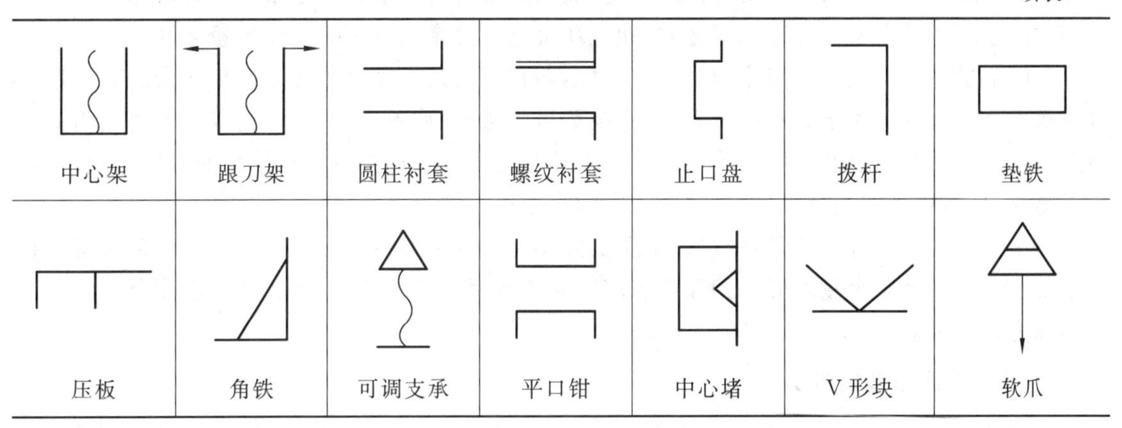

表 2-19　定位、夹紧、装置符号的使用示例

序号	方案说明	定位、夹紧符号标注示意图	装置符号标注或与定位、夹紧符号联合标注示意图
1	床头固定顶尖、床尾固定顶尖定位，拨杆夹紧		
2	床头固定顶尖、床尾浮动顶尖定位，拨杆夹紧		
3	床头内拨顶尖、床尾回转顶尖定位夹紧	回转	

注：数字 3 表示三点定位，数字 2 表示两点定位，一点定位的数字 1 被省略。

2.8　工序余量、工序尺寸与公差的确定

2.8.1　工序余量的确定

1. 工序余量的基本概念

为保证零件质量，一般至少要从毛坯上切除一层材料。毛坯上留下的在后面工序中去除的

材料层称为加工余量。根据使用场合的不同，加工余量有总余量和工序余量之分。总余量是指某一表面毛坯尺寸与零件设计尺寸之差，即毛坯余量。总余量等于各工序余量之和。

工序余量是指每道工序切除的金属层厚度，即相邻两道工序尺寸之差。工序余量有单边余量与双边余量之分。对于非对称表面，工序余量是单边的，称单边余量，即指以一个表面为基准加工另一个表面时相邻两工序尺寸之差。对于外圆与内圆这样具有对称结构的对称表面，工序余量是双边的，称为双边余量，即相邻两工序的直径尺寸之差。

由于各工序尺寸都有公差，所以各工序实际切除的余量值是变化的，因此工序余量有公称余量、最大余量、最小余量之分。相邻两工序的基本尺寸之差即是公称余量。公称余量的变动范围称为余量公差。

2. 确定工序余量的方法

合理选择加工余量，对确保零件的加工质量、提高生产率和降低成本都有重要的意义。若余量确定得过小，则不能完全切除上道工序留在加工表面上的缺陷层和各种误差，也不能补偿本道工序加工时工件的装夹误差，从而影响零件的加工质量，造成废品；余量确定得过大，不仅会增加机械加工量、降低生产率，而且会浪费原材料和能源，增加机床与刀具的消耗，使加工成本升高。所以合理确定加工余量是一项很重要的工作。

确定加工余量的方法有分析计算法、查表修正法和经验估算法等三种。

1）分析计算法

分析计算法是指首先分析影响加工余量大小的因素，确定各因素原始数值，再采用相应的计算公式求出加工余量的方法。利用此种方法时，考虑问题全面，确定出的余量合理，但计算时需要查阅许多参考资料和数据，而且有些统计资料很难查到，且分析计算复杂，在应用上受到一定的限制，仅在大批量生产中，对某些重要表面或贵重材料零件的加工可能用这种方法确定或核算加工余量。

2）查表修正法

查表修正法是指以工厂生产实践和实验研究积累的经验为基础制成的各种表格为依据，再结合实际加工情况加以修正的方法。此方法简便、比较接近实际，在生产上应用广泛。

3）经验估算法

采用经验估算法时，加工余量由一些有经验的工程技术人员或工人根据经验确定。这种方法虽然简单，但不够科学，不够准确。为防止余量过小而产生废品，一般确定出的余量值偏大，只适用于单件小批生产。

3. 工序余量的选用原则

一般可以按照查表法确定工序间的加工余量。其选用原则如下。

(1) 为缩短加工时间，降低制造成本，应采用最小的加工余量。

(2) 加工余量应保证得到图样上规定的精度和表面粗糙度。

(3) 要考虑零件热处理时引起的变形。

(4) 要考虑所采用的加工方法、设备以及加工过程中零件可能产生的变形。

(5) 要考虑被加工零件尺寸，尺寸越大，加工余量越大。因为零件的尺寸增大后，由切削力、内应力等引起零件变形的可能性也增加。

(6) 选择加工余量时，还要考虑工序尺寸公差的选择。因为公差决定加工余量的最大尺寸与最小尺寸。其工序公差不应超出经济加工精度的范围。

(7) 本道工序余量应大于上道工序留下的表面缺陷层厚度。

(8) 本道工序的余量必须大于上道工序的尺寸公差和几何公差。

4. 不同表面的工序余量确定

毛坯的机械加工余量(总余量)取自毛坯图。必要时查阅《机械加工工艺手册》相关表格，或根据国家标准确定:《铸件 尺寸公差与机械加工余量》(GB/T 6414—1999);《锤上钢质自由锻件机械加工余量与公差 一般要求》(GB/T 21469—2008);《锤上钢质自由锻件机械加工余量与公差 轴类》(GB/T 21471—2008);《锤上钢质自由锻件机械加工余量与公差 盘、柱、环、筒类》(GB/T 21470—2008);《钢质模锻件 公差及机械加工余量》(GB/T 12362—2003)。

关于工序机械加工(半精加工和精加工)余量可查阅《机械加工工艺手册》。粗加工余量为毛坯余量减去半精加工和精加工余量。

2.8.2 工序尺寸及其公差的确定

工序尺寸是工件在加工过程中各道工序应保证的加工尺寸。工艺路线确定后，就要计算各道工序加工时应该达到的工序尺寸和公差。工序尺寸及其公差的确定与工序余量的大小、工序尺寸的标注方法、基准选择、中间工序安排等密切相关，是制订工艺规程的一项重要工作。

确定工序尺寸一般的方法是，由加工表面的最后一道工序开始依次向前推算，最后工序的工序尺寸按设计尺寸标注。当无基准转换时，同一表面多次加工的工序尺寸只与工序(或工步)的加工余量有关。当定位基准与工序基准不重合或工序尺寸尚需从继续加工的表面标注时，工序尺寸应用工艺尺寸链解算。

1. 定位基准、工序基准、测量基准与设计基准重合时工序尺寸与公差的确定

定位基准、工序基准、测量基准与设计基准重合时，同一表面经过多工序加工而达到设计尺寸要求，各工序的工序尺寸与公差可按下列步骤进行。

(1) 确定某一被加工表面各加工工序的加工余量。由查表法确定各工序的加工余量。

(2) 计算各工序尺寸的基本尺寸。从终加工工序开始，即从设计尺寸开始，到第一道加工工序，逐次加上(对被包容面)或减去(对包容面)每道加工工序的基本余量，便可得到各工序尺寸的基本尺寸(包括毛坯尺寸)。

(3) 确定各工序尺寸公差及其偏差。除终加工工序以外，根据各道工序所采用的加工方法及其经济加工精度，确定各工序的工序尺寸公差(终加工工序的公差按设计要求确定)，并按“入体原则”标注工序尺寸公差。

例 2-1 如图 1-2 所示的套筒座，其孔径为 ϕ50H7 mm，表面粗糙度 Ra 为 1.6 μm，毛坯材料为 HT250。大批生产时确定其加工方案为:金属型铸造毛坯→粗镗→精镗→磨削。试用查表法确定加工余量，并求解各道工序的有关工序尺寸及公差。

解 (1)用查表法确定各道工序的加工余量及毛坯总余量。

查表知，磨削加工余量为 0.3 mm;查表知，精镗(对应表中半精镗)加工余量为 1.0 mm，粗镗加工余量为 1.5 mm。则

$$\text{毛坯总余量}=\text{各工序余量之和}=(0.3+1.0+1.5)\text{mm}=2.8\text{mm}$$

(2) 计算各工序尺寸的基本尺寸。

磨削后孔径应达到图样规定尺寸，因此磨削工序尺寸即图样上的尺寸 $D_3=\phi 50\text{H7}$ mm(设计尺寸)。其他各工序基本尺寸依次为

精镗 $D_2=(50-0.3)\text{mm}=49.7\text{ mm}$

粗镗 $D_1=(49.7-1.0)\text{mm}=48.7\text{ mm}$

毛坯 $D_0=(48.7-1.5)\text{mm}=47.2\text{ mm}$

(3) 确定各工序尺寸的公差及其偏差。

工序尺寸的公差按各加工方法所能达到的经济精度确定，查阅相关“机械制造技术基础”教材中各种加工方法的经济加工精度表或参阅图 2-6 进行选择。

磨削前精镗取 IT10 级，查表 2-20，得 $T_2=0.1$ mm；粗镗取 IT12 级，查表 2-20，得 $T_1=0.25$ mm。

表 2-20　常用标准公差数值(摘自 GB/T 1800.1—2009)

基本尺寸/mm		标准公差等级								
		IT5	IT6	IT7	IT8	IT9	IT10	IT11	IT12	IT13
大于	至	/μm							/mm	
—	3	4	6	10	14	25	40	60	0.1	0.14
3	6	5	8	12	18	30	48	74	0.12	0.18
6	10	6	9	15	22	36	58	90	0.15	0.22
10	18	8	11	18	27	43	70	110	0.18	0.27
18	30	9	13	21	33	52	84	130	0.21	0.33
30	50	11	16	25	39	62	100	160	0.25	0.39
50	80	13	19	30	46	74	120	190	0.3	0.46
80	120	15	22	35	54	87	140	220	0.35	0.54
120	180	18	25	40	63	100	160	250	0.4	0.63
180	250	20	29	46	72	115	185	290	0.46	0.72
250	315	23	32	52	81	130	210	320	0.52	0.81
315	400	25	36	57	89	140	230	360	0.57	0.89

毛坯公差取自毛坯图，查阅《铸件 尺寸公差与机械加工余量》(GB/T 6414—1999)，取 CT9 级，查表确定其公差 $T_0=2$ mm。

(4) 工序尺寸偏差按“入体原则”标注。

磨削：$\phi 50^{+0.025}_{0}$ mm。

精镗：$\phi 49.7^{+0.1}_{0}$ mm。

粗镗：$\phi 48.7^{+0.25}_{0}$ mm。

毛坯孔：$\phi 47.2\pm1$ mm。

为清楚起见，把上述计算和查表结果汇总于表 2-21 中。

表 2-21　孔的工序尺寸及公差的计算　　单位：mm

工 序 名 称	工序间双边余量	工序达到的公差	工序尺寸及公差
磨削	0.3	IT7	$\phi 50^{+0.025}_{0}$
精镗	1.0	IT10	$\phi 49.7^{+0.1}_{0}$
粗镗	1.5	IT12	$\phi 48.7^{+0.25}_{0}$
毛坯铸造	—	CT9	$\phi 47.2\pm1$

另外，可以换一个思路来解决问题。查表可得该灰铸铁金属型铸造毛坯的机械加工余量等级为D～F，相应的机械加工余量为0.8～1.5 mm，那就转变成如何把总加工余量分配给粗镗、精镗、磨削工艺的问题了。按照这个思路，粗镗、精镗的精度等级要提高，加工余量要减小，才能保证毛坯总余量等于各工序余量之和。可见解决实际问题时，不仅仅是查表，还要对表格数据进行合理的修正。

2. 工序基准与设计基准不重合时工序尺寸与公差的确定

当工序基准与设计基准不重合时，需要进行工艺尺寸链计算。当零件在加工过程中多次转换工序基准、工序数目多、工序之间的关系较为复杂时，可采用工艺尺寸链的综合图解跟踪法来确定工序尺寸及公差。

2.9 切削用量与时间定额的确定

切削用量是切削加工时可以控制的参数，具体是指切削速度 v_c、进给量 f 和吃刀量 a 三个参数。切削用量的选择，对生产率、加工成本和加工质量均有重要影响。

2.9.1 切削用量的一般性选择原则

切削用量主要应根据工件的材料、精度要求以及刀具的材料、机床的功率和刚度等情况确定，在保证工序质量的前提下，充分利用刀具的切削性能和机床的功率、转矩等特性，获得高生产率和低加工成本。

从刀具耐用度角度出发，首先应选定吃刀量 a，其次选定进给量 f，最后选定切削速度 v_c。

粗加工时，加工精度和表面粗糙度要求不高，毛坯余量较大，因此，选择粗加工的切削用量时，要尽量保证较高的金属切除率，以提高生产率；精加工时，加工精度和表面粗糙度要求较高，加工余量小且均匀，因此，选择切削用量时应着重保证加工质量，并在此基础上尽量提高生产率。

1. 吃刀量 a 的选择

粗加工时，吃刀量应根据加工余量和工艺系统刚度来确定。由于粗加工时是以提高生产率为主要目标，所以在留出半精加工、精加工余量后，应尽量将粗加工余量一次切除。一般 a 可达8～10 mm。当遇到断续切削、加工余量太大或不均匀时，则应考虑多次走刀，而此时的吃刀量应依次递减，即 $a_1>a_2>a_3>\cdots$。

精加工时，应根据粗加工留下的余量确定吃刀量，使精加工余量小而均匀。

2. 进给量 f 的选择

粗加工时，对表面粗糙度要求不高时，在工艺系统刚度和强度好的情况下，可以选用大一些的进给量；精加工时，应主要考虑工件表面粗糙度要求，一般表面粗糙度数值减小，进给量也要相应减小。

3. 切削速度 v_c 的选择

切削速度主要应根据工件和刀具的材料来确定。粗加工时，v_c 主要受刀具寿命和机床功率的限制，如超出了机床许用功率，则应适当降低切削速度；精加工时，选用的 a 和 f 都较小，在保证合理刀具耐用度的情况下，应选取尽可能高的切削速度，在保证加工精度和表面质量的同时满足生产率的要求。常用刀具合理耐用度参考值如表 2-22 所示。

表 2-22 常用刀具合理耐用度参考值

刀具类型	耐用度参考值/min	刀具类型	耐用度参考值/min
高速钢车刀、刨刀、镗刀	30～60	加工淬火钢用立方氮化硼车刀	120～150
硬质合金可转位刀、陶瓷刀	15～45	仿形车刀	120～180
硬质合金焊接车刀	15～60	多轴钻床上的高速钢钻头	200～300
硬质合金端铣刀	120～180	多轴铣床上的铣刀	400～800
高速钢钻头	80～120	齿轮刀具硬质合金端铣刀	200～300
金刚石车刀	600～1 200	数控机床加工用刀具	按班次安排

切削用量选定后，应根据已选定的机床，将进给量 f 和切削速度 v_c 修正成机床所具有的进给量 f 和转速 n，并计算出实际的切削速度 v_c。工序卡上填写的切削用量应是修定后的进给量 f、转速 n 及实际切削速度 v_c。

转速 n(r/min)的计算公式为

$$n=\frac{v_c}{\pi d}\times 1000$$

式中：d——刀具(或工件)直径(mm)；

v_c——切削速度(m/min)。

2.9.2 车削加工切削用量的选择

1. 背吃刀量

(1) 粗加工时，应尽可能一次切去全部加工余量，即选择背吃刀量值等于余量值。当余量太大时，应考虑工艺系统刚度和机床的有效功率，尽可能选取较大背吃刀量和最少的工作行程数。

(2) 半精加工时，如单边余量 $h>2$ mm，则应分在两次行程中切除：第一次 $a_{p1}=(2/3\sim 3/4)h$；第二次 $a_{p2}=(1/4\sim 1/3)h$；否则，可以一次切除。

(3) 精加工时，应该在一次行程中切除精加工工序余量。

2. 进给量

背吃刀量选定后，进给量直接决定了切削面积，从而决定了切削力的大小。因此，允许选用的最大进给量受到机床的有效功率和转矩、机床进给传动机构的强度、工件刚度、刀具强度与刚度、图样规定的加工表面粗糙度等因素影响。

3. 切削速度

在背吃刀量和进给量选定后，切削速度的选定是否合理，对切削效率和加工成本影响很大。一般方式是根据合理的刀具耐用度计算或查表选定。

车削加工的切削用量详见《机械加工工艺手册》。

2.9.3 钻、扩、锪、铰、镗削加工切削用量的选择

钻削用量的选择包括确定钻头直径、进给量和切削速度。应该尽可能选择大直径钻头、大

的进给量，再根据钻头的寿命选取合适的钻削速度，以取得高的钻削效率。

钻头直径由工艺尺寸要求确定，应尽可能一次钻出所要求的孔。钻孔时的背吃刀量为孔的半径，扩孔、铰孔的背吃刀量为扩(铰)孔后与扩(铰)孔前孔的半径之差。

进给量主要受钻削背吃刀量和机床进给机构和动力的限制，一般可查表选择。钻削速度通常根据钻头耐用度按照经验选取。

钻、扩、锪、铰、镗削加工的切削用量详见《机械加工工艺手册》。

2.9.4 铣削加工切削用量的选择

根据加工余量来确定铣削吃刀量。粗铣时，为提高切削效率，一般选择铣削吃刀量等于加工余量，一个工作行程铣完。半精铣时，吃刀量一般为0.5～2 mm；精铣时一般为0.1～1 mm或更小。

铣削加工要注意区分的铣削要素包括：

v_c——铣削速度(m/min)；

d——铣刀直径(mm)；

n——铣刀转速(r/mim)；

f——铣刀每转工作台移动速度，即每转进给量(mm/r)；

f_z——铣刀每齿工作台移动速度，即每齿进给量(mm/z)；

v_f——进给速度，即工作台每分钟移动的速度(mm/min)；

z——铣刀齿数；

a_e——铣削侧吃刀量，即垂直于铣刀轴线方向的切削层尺寸(mm)；

a_p——铣削背吃刀量，即平行于铣刀轴线方向的切削层尺寸(mm)。

铣削加工的切削用量详见《机械加工工艺手册》。

2.9.5 磨削加工切削用量的选择

磨削用量的选择原则是在保证工件表面质量的前提下尽量提高生产率。磨削一般采用普通速度，即 $v_s \leqslant 35$ m/s，有时也采用高速磨削，即 $v_s > 35$ m/s。磨削用量的选择步骤是先选择较大的工件速度 v_w，再选择轴向进给量 f_a，最后选择径向进给量 f_r。

磨削加工的切削用量详见《机械加工工艺手册》。

2.9.6 攻螺纹切削用量的选择

攻螺纹时常发生丝锥折断、丝锥崩齿、丝锥磨损等问题，从而影响攻螺纹的质量，切削速度过快往往是引起这些问题的主要原因。因此攻螺纹时，应该在保证丝锥寿命的前提下选择合适的切削速度。

选择攻螺纹的切削速度具体有计算法和查表法，计算法详见《机械加工工艺手册》。

2.9.7 拉削加工切削用量的选择

选择拉削加工切削用量的原则是在保证拉刀寿命的前提下尽可能地提高拉削速度，以减少拉削过程中容易出现的划伤和鳞刺现象。由于拉削力很大，在查表选定拉削的切削用量后，要进行拉刀强度和拉床功率的校核。

2.9.8 时间定额及其组成

1. 时间定额

时间定额是指在一定生产条件下，规定生产一件产品或完成一道工序所需消耗的时间。

2. 时间定额的组成

时间定额由作业时间 T_B（包括基本时间 T_b 和辅助时间 T_a）、布置工作地时间 T_s、休息和生理需要时间 T_r、准备与结束时间 T_e 等组成。各种时间所包含的内容如表 2-23 所示。

表 2-23 时间定额的组成及工时计算（根据 JB/T 9169.6—1998）

<table>
<tr><th colspan="2">项　目</th><th colspan="2">内　容</th></tr>
<tr><td rowspan="2">作业时间 T_B</td><td>基本时间 T_b</td><td colspan="2">直接用于改变生产对象的尺寸、形状、相对位置、表面状态或材料性质等工艺过程所消耗的时间。如机器制造业中的铸、锻、焊、金属切削加工、装配等作业时间</td></tr>
<tr><td>辅助时间 T_a</td><td colspan="2">为保证基本工艺过程的实现，必须进行的各种辅助动作所消耗的时间。如机械加工工序中装卸工件，进、退刀，测量，自检，转换刀架，开、停车等操作耗费的时间</td></tr>
<tr><td colspan="2">布置工作地时间 T_s</td><td colspan="2">为使加工正常进行，工人照管工作地如润滑机床、清理切屑、收拾工具等所消耗的时间，一般按作业时间的2%～7%计算</td></tr>
<tr><td colspan="2">休息和生理需要时间 T_r</td><td colspan="2">工人在工作班内为恢复体力和满足生理上需要所消耗的时间，一般按作业时间的 2%～4%计算，如正常休息、喝水、如厕等耗费的时间</td></tr>
<tr><td colspan="2">准备与结束时间 T_e
（简称准终时间）</td><td colspan="2">工人为了生产一批产品或零部件，进行准备和结束工作所需消耗的时间。如每批工件的数量为 n，则分摊到每个零件上的准备和结束时间为 T_e/n</td></tr>
<tr><td colspan="2" rowspan="2">工时计算</td><td>工时类别</td><td>计算公式</td></tr>
<tr><td>单件时间 T_p
成批生产单件计算时间 T_c
大量生产单件计算时间 T_c</td><td>单件：$T_p = T_B + T_s + T_r = T_a + T_b + T_s + T_r$
成批：$T_c = T_p + T_e/n = T_a + T_b + T_s + T_r + T_e/n$
大量：$T_c = T_p = T_a + T_b + T_s + T_r$</td></tr>
</table>

2.9.9 基本时间的计算

常见加工方法的基本时间可用计算法确定。

1. 车削和镗削基本时间的计算

车削和镗削加工常用符号如下：

T_b——基本时间(min)；

L——刀具或工作台行程长度(mm)；

l——切削加工长度(mm)；

l_1——刀具切入长度(mm)；

l_2——刀具切出长度(mm)；

v——切削速度(m/mim 或 m/s)；

d——工件或刀具的直径(mm)；

n——机床主轴转速(r/min)；

f——主轴每转一转刀具的进给量(mm/r);

a_p——背吃刀量(mm);

i——进给次数。

车削和镗削基本时间的计算如表 2-24 所示。

表 2-24 车削和镗削基本时间的计算

加工示意图	计算公式	说明
车外圆和镗孔	$T_b = \frac{L}{fn}i = \frac{l+l_1+l_2+l_3}{fn}i$	$l_1 = a_p/\tan\kappa_r + (2\sim3)$; $l_2 = 3\sim5$,当加工到台阶时 $l_2 = 0$,当刀具主偏角 $\kappa_r = 90°$ 时,$l_2 = 2\sim3$; l_3 为单件小批生产时的试切附加长度,l_3 的值如表 2-25 所示
车端面、切断或车圆环端面、切槽 车圆环 车端面	$T_b = \frac{L}{fn}i$	$L = \frac{d-d_1}{2} + l_1 + l_2 + l_3$; l_1、l_2、l_3 同上; 车槽时 $l_2 = l_3 = 0$,切断时 $l_3 = 0$; d_1 为车圆环的内径或车槽的底径(mm),车实体端面和切断时,$d_1 = 0$

表 2-25 试切附加长度 l_3 的取值 单位:mm

测量尺寸	测量工具	l_3
—	游标卡尺、直尺、卷尺、内卡钳、塞规、样板、深度尺	5
≤250 >250	卡规、外卡钳、千分尺	3～5 5～10
≤1000	内径千分尺	5

2. 钻削基本时间的计算

钻削基本时间的计算如表 2-26 所示。

表 2-26　钻削基本时间的计算

加工示意图	计算公式	说明
钻孔与中心孔	$T_b=\frac{L}{fn}i=\frac{l+l_1+l_2}{fn}$	$l_1=(D/2)\cot\kappa_r+(1\sim2)$，$D$ 为孔径，κ_r 为刀具主偏角； l_2 为超出长度，$l_2=(1\sim4)$；钻中心孔和盲孔时，$l_2=0$
扩钻、扩孔与铰圆柱孔	$T_b=\frac{L}{fn}i=\frac{l+l_1+l_2}{fn}$	$l_1=\frac{D-d_1}{2}\cot\kappa_r+(1\sim2)$，$d_1$ 为扩、铰前的孔径(mm)，D 为扩、铰后的孔径(mm)，κ_r 为刀具主偏角； 钻、扩和铰盲孔时 $l_2=0$，扩钻、扩孔时 $l_2=2\sim4$，铰圆柱孔时 l_2 如表 2-27 所示
锪倒角、埋头孔、凸台	$T_b=\frac{L}{fn}=\frac{l+l_1}{fn}$	$l_1=1\sim2$
扩、铰圆锥孔	$T_b=\frac{L}{fn}i=\frac{l+l_1+l_2}{fn}$	图中 L_p 为行程计算长度(mm)；κ_r 为刀具主偏角；α 为孔圆锥角

表 2-27　铰圆柱孔时的超出长度 l_2　　单位：mm

$a_p=\frac{D-d}{2}$	0.05	0.10	0.125	0.15	0.20	0.25	0.30
l_2	13	15	18	22	28	39	45

3. 铣削基本时间的计算

铣削常用符号如下：

d——铣刀直径(mm)；

z——铣刀齿数；

n——铣刀转速(r/mim)；

f_M——工作台的进给量(mm/min)，$f_M = f_z z n$；

f_{Mz}——工作台的水平进给量(mm/min)；

f_{Mc}——工作台的垂直进给量(mm/min)；

a_e——铣削侧吃刀量(垂直于铣刀轴线方向的切削层尺寸)(mm)；

a_p——铣削背吃刀量(平行于铣刀轴线方向的切削层尺寸)(mm)。

铣削基本时间的计算如表 2-28 所示。

表 2-28 铣削基本时间的计算

加工示意图	计算公式	说明
圆柱铣刀铣平面、三面刃铣刀铣槽 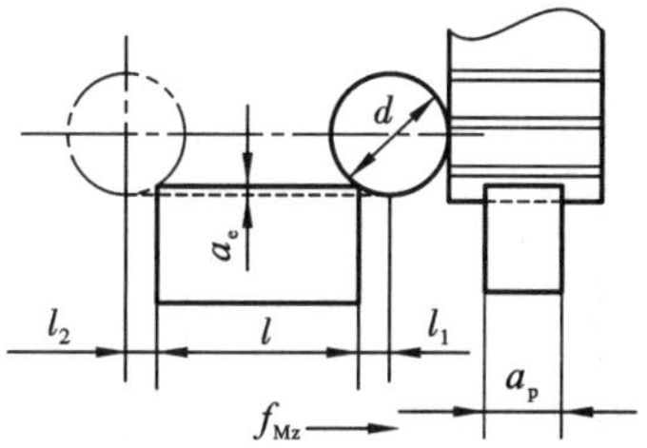	$T_b = \dfrac{l + l_1 + l_2}{f_{Mc}}$	$l_1 = \sqrt{a_e(d - a_e)} + (1 \sim 3)$； $l_2 = 2 \sim 5$
端面铣刀铣平面(对称铣) 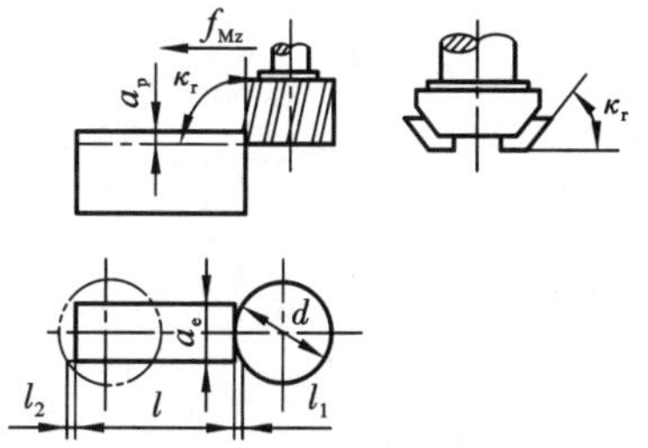	$T_b = \dfrac{l + l_1 + l_2}{f_{Mz}}$	当主偏角为 90° 时，$l_1 = 0.5(d - \sqrt{d^2 - a_e^2}) + (1 \sim 3)$， 当主偏角小于 90° 时，$l_1 = 0.5(d - \sqrt{d^2 - a_e^2}) + \dfrac{a_p}{\tan\kappa_r} + (1 \sim 2)$； $l_2 = 3 \sim 5$
端面铣刀铣平面(不对称铣) 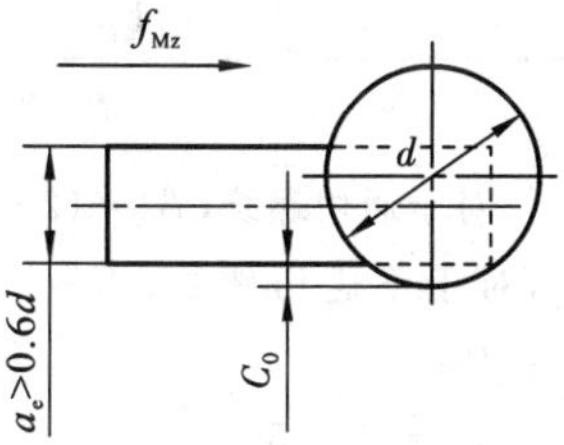	$T_b = \dfrac{l + l_1 + l_2}{f_{Mz}}$	$l_1 = 0.5d - \sqrt{C_0(d - C_0)} + (1 \sim 3)$； $C_0 = (0.03 \sim 0.05)d$； $l_2 = 3 \sim 5$
铣键槽(两端开口) 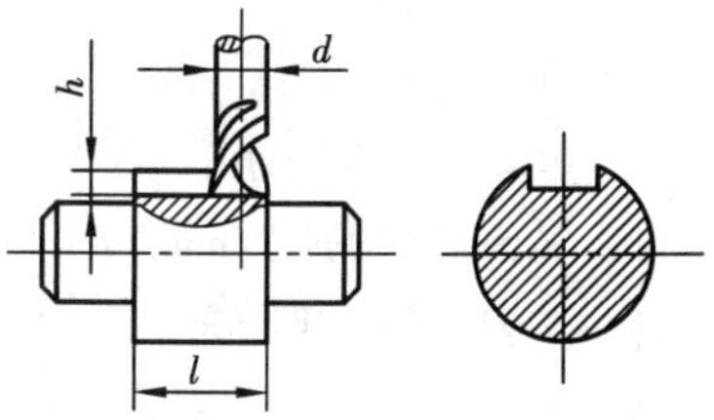	$T_b = \dfrac{l + l_1 + l_2}{f_{Mz}} i$	$l_1 = 0.5d + (1 \sim 2)$； $l_2 = 1 \sim 3$； $i = h/a_p$，h 为键槽深度(mm)，通常 $i = 1$，即一次铣削到深度； l 为铣削轮廓的实际长度(mm)

续表

加工示意图	计算公式	说明
铣键槽(一端闭口)	同上	$l_2=0$,其余同上
铣键槽(两端闭口)	$T_b=\dfrac{l-d}{f_{Mc}}+\dfrac{h+l_1}{f_{Mc}}$	$l_1=1\sim2$

4. 螺纹加工基本时间的计算

螺纹加工常用符号如下：

d——螺纹大径(mm)；

P——螺纹螺距(mm)；

f——工件每转进给量(mm/r)；

q——螺纹的线数。

螺纹加工基本时间的计算如表 2-29 所示。

表 2-29　螺纹加工基本时间的计算

加工示意图	计算公式	说明
在车床上车螺纹	$T_b=\dfrac{L}{fn}iq=\dfrac{l+l_1+l_2}{fn}iq$	对于通切螺纹，$l_1=(2\sim3)P$，对于不通切螺纹，$l_1=(1\sim2)P$； $l_2=2\sim5$
用板牙攻螺纹	$T_b=\left(\dfrac{l+l_1+l_2}{fn}+\dfrac{l+l_1+l_2}{fn_0}\right)i$	$l_1=(1\sim3)P$； $l_2=(0.5\sim2)P$； n_0为工件的转速(mm/min)； i为使用板牙的次数

续表

加工示意图	计算公式	说明
用丝锥攻螺纹	$T_b=\left(\frac{l+l_1+l_2}{fn}+\frac{l+l_1+l_2}{fn_0}\right)i$	$l_1=(1\sim3)P$； $l_2=(2\sim3)P$，攻盲孔时 $l_2=0$； n_0 为丝锥或工件回程的转速(r/min)； i 为使用丝锥的数量； n 为丝锥或工件的转速(r/min)

表 2-30 至表 2-32 列出了几种常见加工方法下的切入、切出行程，供进行这些加工方法的基本时间计算时参考。

表 2-30　用常见加工方法铰孔时的切入、切出行程　　单位：mm

背吃刀量 a_p	与主偏角 κ_r 有关的切入行程长度 l_1					切出行程长度 l_2
	3°	5°	12°	15°	45°	
0.05	0.95	0.57	0.24	0.19	0.05	13
0.10	1.90	1.10	0.47	0.37	0.0	15
0.125	2.40	1.40	0.59	0.48	0.125	18
0.15	2.90	1.70	0.71	0.56	0.15	22
0.20	3.80	2.40	0.95	0.75	0.23	28
0.25	4.80	2.90	1.20	0.92	0.25	39
0.30	5.70	3.40	1.40	1.10	0.30	45

注：对于 $D\leqslant18$ mm 的铰刀，l_1 要增加 0.5 mm；对于 $D=17\sim35$ mm 的铰刀，l_1 要增加 1 mm；对于 $D=36\sim80$ mm 的铰刀，l_1 要增加 2 mm。加工盲孔时 $l_2=0$

表 2-31　用圆柱铣刀铣平面时的切入、切出行程　　单位：mm

铣削侧吃刀量 a_e	与铣刀直径 d 有关的切入、切出行程长度 l_1+l_2						
	50	63	80	100	125	160	200
1.0	9	10	11	13	14	16	16
2.0	12	13	15	17	19	21	22
3.0	14	16	17	20	22	25	26
4.0	16	17	20	23	25	28	29
5.0	17	19	21	25	27	30	32
6.0	18	21	23	27	29	33	36
8.0	21	23	26	30	33	37	41
10.0	22	25	28	33	36	41	46
15.0	—	—	33	39	43	49	54
20.0	—	—	—	43	48	55	62
25.0	—	—	—	—	52	60	68
30.0	—	—	—	—	—	65	73

表 2-32 用面铣刀铣平面时的切入、切出行程 单位:mm

铣削侧吃刀量 a_e	与铣刀直径 d 有关的切入、切出行程长度 l_1+l_2							铣削侧吃刀量 a_e	与铣刀直径 d 有关的切入、切出行程长度 l_1+l_2						
	80	100	125	160	200	250	315		80	100	125	160	200	250	315
10	4	—	—	—	—	—	—	140	—	—	—	50	33	26	22
20	5	—	—	—	—	—	—	160	—	—	—	—	44	33	27
30	8	—	—	—	—	—	—	180	—	—	—	—	60	42	33
40	12	7	7	7	6	—	—	200	—	—	—	—	—	54	40
50	18	9	9	9	9	8	—	220	—	—	—	—	—	71	47
60	—	12	11	11	9	8	—	240	—	—	—	—	—	94	59
80	—	20	17	15	13	11	10	260	—	—	—	—	—	—	72
100	—	—	27	23	18	15	13	280	—	—	—	—	—	—	88
120	—	—	44	34	24	20	16	300	—	—	—	—	—	—	110

2.9.10 辅助时间定额的计算

辅助时间定额从表 2-33 中查取。

表 2-33 典型动作辅助时间定额 T_a 参考值

动　作	时间/min	动　作	时间/min
拿取工件并放在夹具上	0.5～1.0	调整尾架偏心或刀架角度,以便车锥度	0.5
拿取扳手,启动和调节切削液	0.05～0.10	拿镗杆将其穿过工件和镗模并连接在主轴上	1
手动夹紧工件	0.5～1.0	在钻头、铰刀、丝锥上刷油	0.1
气、液动夹紧工件,工件快速趋近刀具	0.02～0.05	根据手柄刻度调整吃刀量,用压缩空气吹净夹具	0.05
启动机床,变速或变换进给量,放下清扫工具	0.02	移动摇臂,将钻头对准钻套	0.05～0.08
接通或断开自动进给按钮,放下量具或拿清扫工具	0.03	更换普通钻套,用内径千分尺测量一个孔径	0.3
工件或刀具退离并复位	0.03～0.05	用斜楔从主轴中打出锥柄钻头	0.5
变换刀架或转换方位	0.95	回转钻模转换方位	0.3～0.5
放松、移动并锁紧尾架	0.4～0.5	在工作台上用手翻转钻模,用深度尺测量孔深	0.2
更换夹具导套、测量一个尺寸(用极限量规)	0.10	更换单铣刀	8
更换快换刀具(钻头、铰刀)	0.1～0.2	更换组合铣刀	15
取量具	0.04	摇动分度头分度	0.15
清扫工件或清扫夹具定位基面	0.1～0.2	调整牛头刀架,以便刨斜面	0.4

续表

动作	时间/min	动作	时间/min
手动放松和夹紧	0.05～0.08	关闭或移开磨床防护罩	0.02
气、液动放松和夹紧	0.02～0.4	清理磁性工作台，以便安装工件	0.5
操作伸缩式定位件或调整一个辅助支承	0.02～0.05	将拉刀穿过工件并固定在夹头上	0.1
用划线针找正并锁紧工件	0.2～0.3	穿系或解开起吊绳索	0.5～1.0
取下顶尖或换装钻头	0.2	取下工件	0.2～0.8
打开或关上回转压板或钻模板	0.5		

注：①以上数据是在使用通用设备加工中、小零件时得到的；

②表中未给出的动作，可参考表中类似的动作确定其辅助时间，如停止机床可参考启动机床的时间。

2.10 工艺文件的填写

2.10.1 方案的综合

前面介绍了在机械加工工艺路线拟定过程中需要解决的主要问题。为了便于方案分析，需要把各方面的结果综合起来，以一定的形式表现出来供分析。为了便于进行方案的比较，可以采取机械加工工艺综合卡片的格式，如表 2-34 所示。其中，工序简图可以没有加工尺寸的具体数值，待以后在工序详细设计阶段计算确定。

表 2-34 工艺方案综合卡片样例

工序号	工序说明	工序简图	机床		刀具	夹具	量具	辅具
			名称	型号	名称			
030	以 *A* 面为基准粗铣手柄端平面 *B*。用两 V 形块和一支承板定位	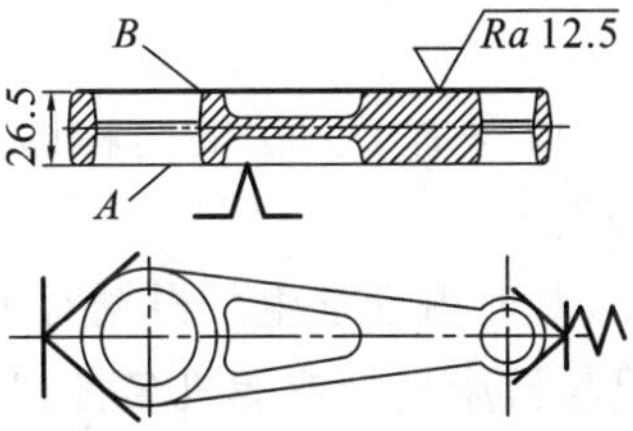 B；A；26.5；*Ra* 12.5	立式铣床	X5032	镶齿套式面铣刀	专用夹具	游标卡尺	—
040	以 *B* 面为基准精铣手柄端平面 *A*。用两 V 形块和一支承板定位	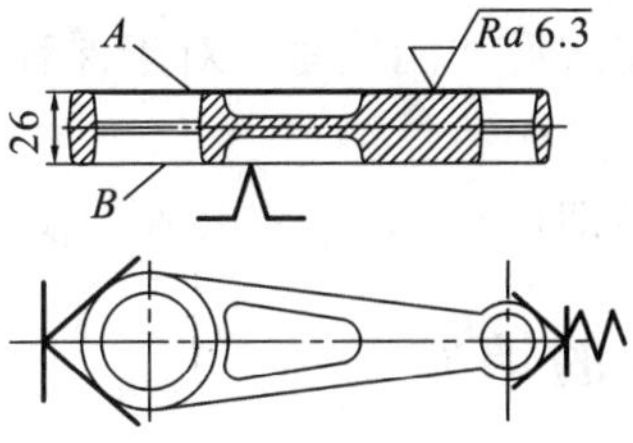 A；B；26；*Ra* 6.3	立式铣床	X5032	镶齿套式面铣刀	专用夹具	游标卡尺	—

2.10.2 方案分析

对同一个零件，不同的人会设计不同的加工方案；同一个人对同一个零件也可以设计不同的加工方案，即在一定的生产条件下有多种可行的方案。机械加工方案没有最好的，但还是有相对较好的。

工艺方案的优劣分析主要从机械加工工艺规程的特性指标及工艺成本的构成两方面进行，但课程设计由于不受实际生产条件的限制，故不可能进行各项经济指标的分析。因此，判断工艺方案的优劣主要应从以下方面考虑。

1. 加工质量

(1) 所有应加工表面是否已经安排加工；

(2) 加工方法(链)的选择是否能达到加工表面的加工要求，是否与加工表面的结构形状、尺寸大小相适应；

(3) 每道工序的定位面、夹紧面是否选择得合适；是否符合六点定位原理；夹紧是否可靠；

(4) 次要表面的加工是否会影响到主要表面的加工质量。

2. 加工效率

(1) 加工设备的荷载是否基本平衡；

(2) 节拍是否合理。

2.10.3 方案的确定

由于在课程设计中无法进行各项具体的技术经济指标的分析，再加上设计者的经验有限，最终应该在指导教师的指导下，提出一套可行的、合理的工艺路线方案。

2.10.4 机械加工工艺过程卡的填写

机械加工工艺过程卡作为零件加工工艺的指导性文件，应记述加工该零件的每道工序的加工内容、车间、工段、所用设备、工艺装备和工时等。具体内容如下。

(1) 抬头。“抬头”是指工序内容栏以上的表格部分，主要载明零件的基本信息。应按照所给零件图样或任务书填写。

(2) 工序号、名称和内容。“名称”栏填写加工方法的简称即可，“工序内容”栏应填写清楚加工方法、加工表面和应达到的加工要求。

(3) 车间和工段。由于是课程设计，对此内容学生可根据对生产环境的了解，选填或不填。

(4) 设备和工艺装备。“设备”栏填写机床型号或专机名称，“工艺装备”栏写明本工序需要使用的刀具、夹具、量具和辅具的名称。

(5) 工时。该项必须待工序设计完成后才能填写。对于课程设计，工时定额只需填写基本时间。

(6) 其他内容。按照实际情况选填即可。

2.10.5 机械加工工序卡的填写

机械加工工序卡(简称工序卡)是在工艺卡的基础上，按照每道工序所编制的一种工艺文件，用来具体指导操作者进行生产。它是生产过程中最常用的工艺文件之一。工序卡有不同的格式，常用的机械加工工序卡片可参考机械行业标准《工艺规程格式》(JB/T 9165.2—1998)。

在大批量生产中，每个零件的每道工序都要求有工序卡。成批生产中只要求主要零件的每道工序有工序卡，而一般零件仅是关键工序有工序卡。

2.10.6 机械加工工序卡的内容

作为每道工序的指导性文件，工序卡需要填写的内容一般应配有相应的工序简图，并详细说明工序的每个工步的加工内容、工艺参数、操作要求及所用设备和工艺装备等。工序卡具体需要填写以下几个项目。

1. 抬头

"抬头"是工步内容栏以上的表格部分，主要表明零件的生产单位、零件的名称、材料、工序名称、工序号、车间、工段等信息。课程设计中，学生在填写时，可以有选择性地填写。

2. 工序简图

工序简图为工序卡的核心部分之一，要按照2.7节所述要求认真绘制、填写。

3. 工步号及其内容

工序卡的内容以工步为基本单元，要求比较详细地填写出每一个工步的顺序号、名称、工步内容，以及每一工步的切削用量、使用的工艺装备和工时定额。在课程设计中，工时定额只填写基本时间。

4. 其他内容

主要包括本工序所选用的机床及其型号、刀具及其牌号、夹具的种类和选用的量具、检具的名称及其精度等级等。其中，属于专用的，按照专用工艺装备的名称（编号）填写；属于标准的，填写名称、规格和精度，有编号的也可以填写编号。各项内容注意与机械加工工艺卡片协调一致，有些内容应从工艺卡照搬过来。

第3章 机床夹具设计指导

3.1 机床夹具设计概述

机床夹具（简称夹具）是在机械加工中使用的一种工艺装备，它的主要功能是实现对被加工工件的定位和夹紧。通过定位，使各被加工工件在夹具中占有同一个正确的加工位置；通过夹紧，克服加工中存在的各种作用力，使这一正确的位置得到保证，从而使加工过程得以顺利进行。因此，在编制零件加工工艺过程中，每道工序的一个重要内容就是工件定位方案的确定。工艺人员的一项经常性工作就是设计专用夹具。

在《机械制造技术》等工艺学方面的教材中，对夹具的功能、组成、分类和特点有详细的介绍，夹具中经常使用的零件大多也有国家标准供参考。这里重点介绍专用夹具设计时的基本要求、基本方法和步骤，提供一些常用的零件和结构供设计者参考。

1. 专用夹具设计的基本要求

(1) 保证被加工要素的加工精度。采用合理的定位、夹紧方案，选择适当的定位、夹紧元件，确定合适的尺寸、几何公差，是保证被加工要素加工精度的基础。

(2) 提高劳动生产率。通过设计合理的夹具结构，可以简化操作过程，有效地减少辅助时间，提高生产效率。

(3) 具有良好的使用性能。简单的总体结构，合理的结构工艺性、加工工艺性，使加工、装配、检验、维修和使用更加简便、安全、可靠。

(4) 具有经济性。在满足加工精度的前提下，夹具结构越简单、元件标准化程度越高，其制造成本越低、制造周期越短，可以争取到更好的经济性。

2. 专用夹具设计的一般步骤和需要完成的任务

表3-1所示为专用夹具设计的一般步骤及各阶段需要完成的主要任务。

表3-1 专用夹具设计的一般步骤及各阶段需要完成的主要任务

设计阶段	需要完成的主要设计任务
调研分析	生产纲领和生产类型分析，机械加工工艺方案分析，工件结构及加工精度要求分析，其他工艺装备情况分析，夹具的操作及生产成本分析。另外，要收集足够的设计参考资料，如机床图册、典型夹具图册、夹具零部件标准等
确定夹具设计方案	确定工件定位方式，选择定位元件，确定夹紧方式，选择夹紧元件，确定对刀、引导的方式和元件，确定其他装置结构形式（如分度等），确定夹具总体结构及各部件间的关系
方案审查	必要的加工精度分析计算，必要的夹紧力分析计算，必要的零部件强度和刚度分析计算，请相关专业人员进行审查，优化方案

续表

设计阶段	需要完成的主要设计任务
绘制夹具装配图	按现行国家制图标准绘图；用双点画线绘制被加工工件(视其为透明体)；依次绘制定位、夹紧机构及其他装置；标注必要的尺寸、公差和技术要求；编制夹具的明细表及标题栏
绘制夹具零件图	对夹具中的每个非标准零件都需要画出零件图，并按夹具装配图的要求确定零件的尺寸、公差及技术要求

3.2 机床夹具总方案的设计

3.2.1 确定工件的定位方案

每道工序的定位方案都需要根据被加工工件的结构、加工方法和具体的加工要素等情况来确定。首先要根据加工要求分析必须限制工件的哪些自由度，然后选择合适的定位元件来限制工件必须限制的自由度。表 3-2 所示为一些具有代表性结构的工件的加工要素、加工方法及工件必须限制的自由度的情况。表 3-3 所示为常用定位元件与常见工件表面组合后工件被限制自由度的情况。

表 3-2 具有代表性结构的工件的加工要素、加工方法及工件必须限制的自由度

工序简图	加工要求	必须限制的自由度	说明
加工槽的各表面 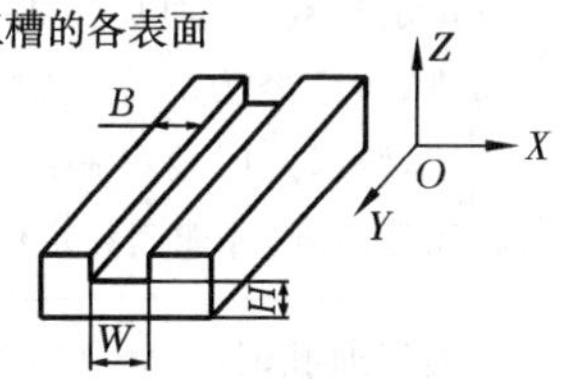	加工尺寸 B；加工尺寸 H；加工尺寸 W	$\vec{X}$，$\vec{Z}$ $\widehat{X}$，$\widehat{Y}$，$\widehat{Z}$	为保证尺寸 B，定位时需要限制工件在 X 轴方向的移动自由度和绕 Z 轴的转动自由度。 为保证尺寸 H，定位时需要限制工件在 Z 轴方向的移动自由度和绕 X、Y 轴的转动自由度。 尺寸 W 靠刀具的宽度尺寸来保证。 由于加工的是通槽，所以 Y 轴的移动自由度可以不用限制
加工非通槽的各表面 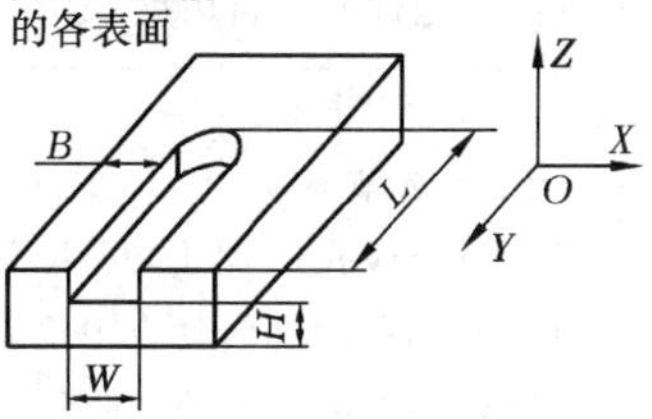	加工尺寸 B；加工尺寸 H；加工尺寸 W；加工尺寸 L	$\vec{X}$，$\vec{Y}$，$\vec{Z}$ $\widehat{X}$，$\widehat{Y}$，$\widehat{Z}$	为保证尺寸 B，定位时需要限制工件在 X 轴方向的移动自由度和绕 Z 轴的转动自由度。 为保证尺寸 H，定位时需要限制工件在 Z 轴方向的移动自由度和绕 X、Y 轴的转动自由度。 尺寸 W 靠刀具的宽度尺寸来保证。 由于加工的是非通槽，要保证尺寸 L，所以需要限制 Y 轴的移动自由度

续表

工序简图	加工要求	必须限制的自由度	说明
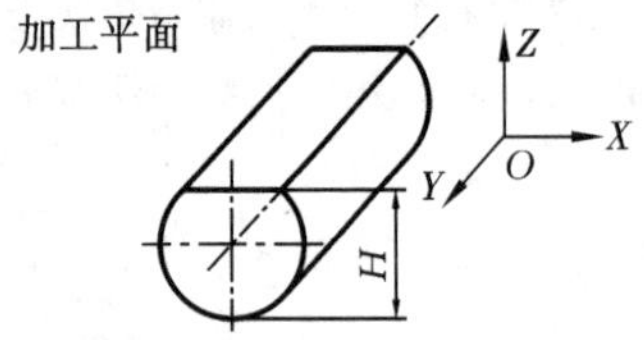 加工平面	加工尺寸 H	$\overset{\frown}{X}$,$\vec{Z}$	由于工件加工前为完全对称的圆柱体,加工一个完整的平面,限制工件在 Z 轴方向的移动自由度和绕 X 轴方向的转动自由度,就可以满足定位要求
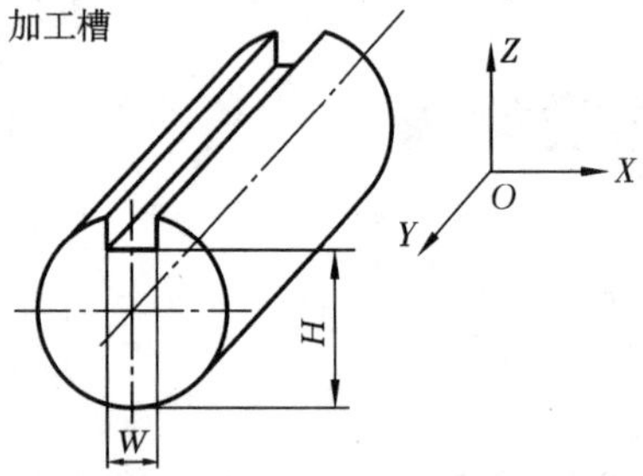 加工槽	加工尺寸 H;加工尺寸 W;加工的通槽有对称度要求	$\vec{X}$,$\overset{\frown}{X}$ $\vec{Z}$,$\overset{\frown}{Z}$	由于工件加工前为完全对称的圆柱体,加工的又是一个通槽,所以不限制 Y 轴的移动自由度和转动自由度,也可以满足定位要求
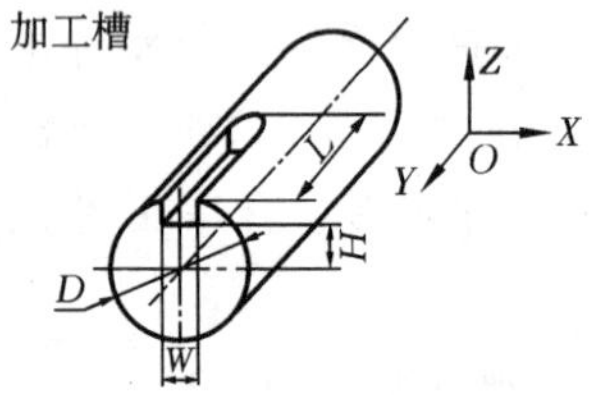 加工槽	加工尺寸 H;加工尺寸 L;加工尺寸 W;加工的非通槽有对称度要求	$\vec{X}$,$\vec{Y}$,$\vec{Z}$ $\overset{\frown}{X}$,$\overset{\frown}{Z}$	由于工件加工前为完全对称的圆柱体,加工的又是一个非通槽,所以不限制 Y 轴的转动自由度,也可以满足定位要求
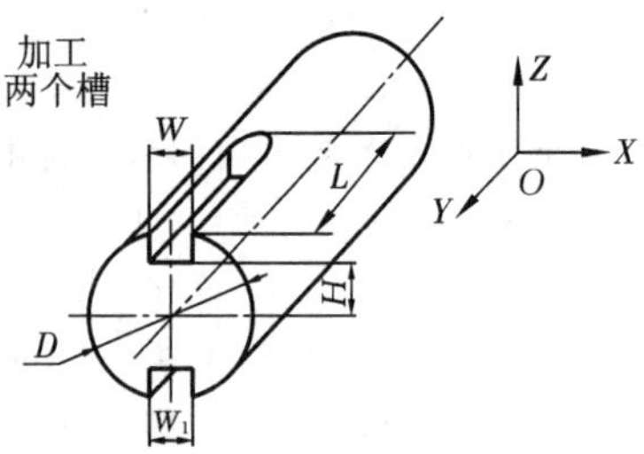 加工两个槽	加工尺寸 H;加工尺寸 L;加工尺寸 W、W_1;加工的两个非通槽有对称度要求	第一个非通槽:$\vec{X}$,$\vec{Y}$,$\vec{Z}$ $\overset{\frown}{X}$,$\overset{\frown}{Z}$ 第二个非通槽:$\vec{X}$,$\vec{Y}$,$\vec{Z}$ $\overset{\frown}{X}$,$\overset{\frown}{Y}$,$\overset{\frown}{Z}$	由于工件加工前为完全对称的圆柱体,加工第一个非通槽,不用限制绕 Y 轴的转动自由度,可以满足定位要求;而加工第二个非通槽时,已经为非完全对称的圆柱体,所以此时要限制绕 Y 轴的转动自由度,才能满足定位要求
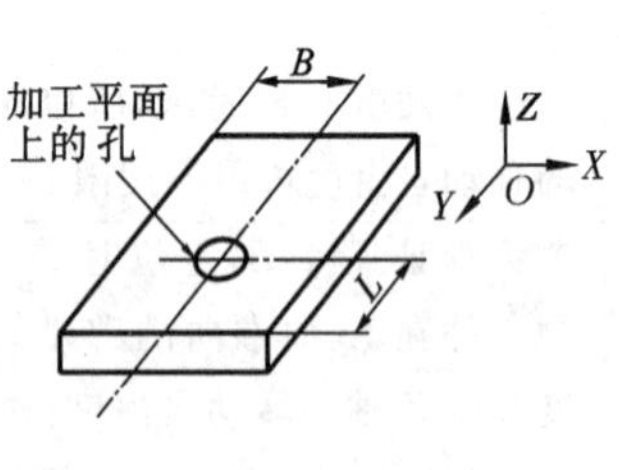 加工平面上的孔	加工尺寸 B;加工尺寸 L	通孔:$\vec{X}$,$\vec{Y}$ $\overset{\frown}{X}$,$\overset{\frown}{Y}$,$\overset{\frown}{Z}$ 盲孔:$\vec{X}$,$\vec{Y}$,$\vec{Z}$ $\overset{\frown}{X}$,$\overset{\frown}{Y}$,$\overset{\frown}{Z}$	加工通孔时,可以不用限制工件 Z 轴的移动自由度,加工时刀具完全贯穿被加工工件。 如果加工的是盲孔,那么对 Z 轴方向的加工深度是有要求的,因此需要限制 Z 轴方向和其他方向的全部 6 个自由度
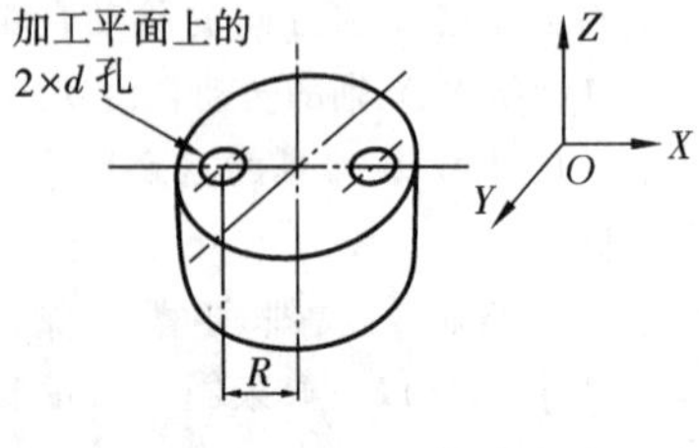 加工平面上的 $2\times d$ 孔	加工尺寸 d;加工的两个孔对中心有位置度要求	通孔:$\vec{X}$,$\vec{Y}$ $\overset{\frown}{X}$,$\overset{\frown}{Y}$ 盲孔:$\vec{X}$,$\vec{Y}$,$\vec{Z}$ $\overset{\frown}{X}$,$\overset{\frown}{Y}$	在普通钻床上、同一工序内,完成两个通孔的加工,可以不限制 Z 轴的移动和转动自由度。 如果加工的是盲孔,那么必须限制工件的 Z 轴移动自由度

续表

工序简图	加工要求	必须限制的自由度	说明
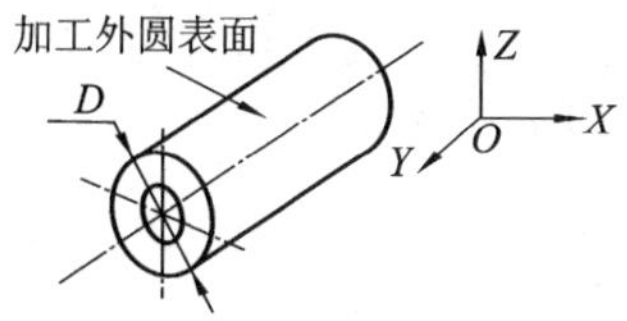 加工外圆表面；D；Z；X；Y；O	加工尺寸D；加工外圆时，需保证其与孔的同轴度要求	$\vec{X},\vec{Z}$ $\widehat{X},\widehat{Z}$	由于加工的为完全对称的回转轴的外圆，定位时，可以不限制其轴线，即Y轴的移动和绕Y轴的转动自由度也可以满足定位要求
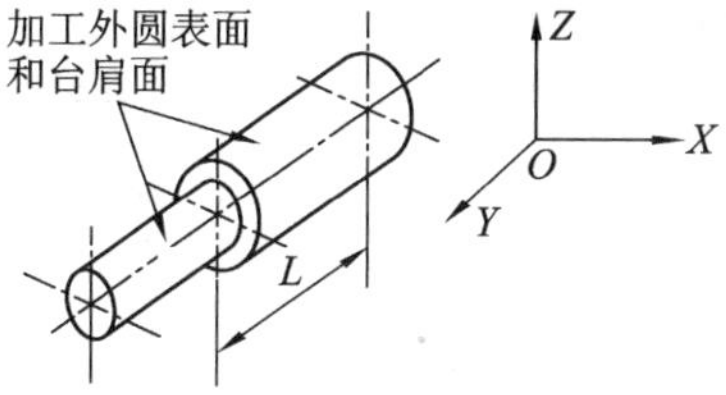 加工外圆表面和台肩面；L；Z；X；Y；O	加工尺寸L；加工的外圆对中心有同轴度要求	$\vec{X},\vec{Y},\vec{Z}$ $\widehat{X},\widehat{Z}$	由于要保证尺寸L，所以要限制Y轴的移动自由度。根据被加工零件的对称性，定位时不用限制绕Y轴的转动自由度也能满足定位要求

表3-3　常用定位元件与常见工件表面组合后工件被限制的自由度

工件定位基准面	定位元件	定位方式简图	定位元件特点	限制的自由度
平面	支承钉	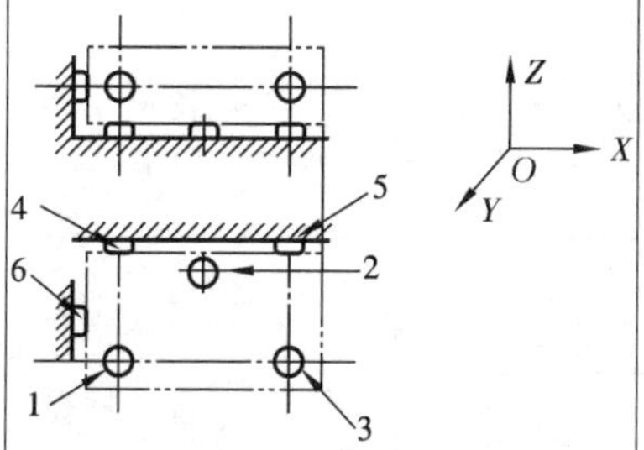 1；2；3；4；5；6；Z；X；Y；O	支承钉相互独立，组合后起到相应的定位作用。一个平面内的支承钉装配好后，要统磨其工作表面使之成为一个平面	1、2、3−$\widehat{X},\widehat{Y},\vec{Z}$ 4、5−$\vec{Y},\widehat{Z}$ 6−$\widehat{X}$
	支承板	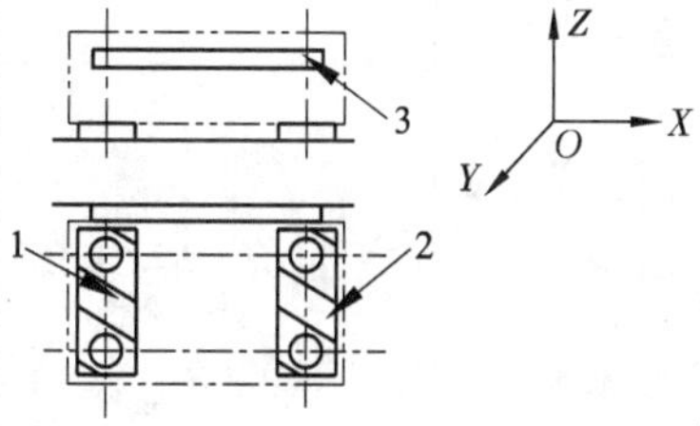 1；2；3；Z；X；Y；O	两个支承板独立装配在夹具体上，要统磨其工作表面使之成为一个平面	1、2−$\widehat{X},\widehat{Y},\vec{Z}$ 3−$\vec{Y},\widehat{Z}$
	支承板与自位支承或可调支承	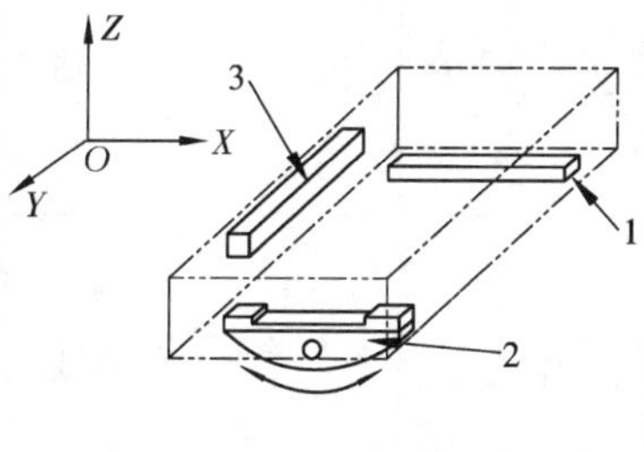 1；2；3；Z；X；Y；O	定位元件2为自位支承，与支承板1共同作用形成一个定位平面，也可以用一个支承钉加一个可调支承代替2号元件	1、2−$\widehat{X},\widehat{Y},\vec{Z}$ 3−$\vec{X},\widehat{Z}$

续表

<table>
<tr><th>工件定位基准面</th><th>定位元件</th><th>定位方式简图</th><th>定位元件特点</th><th>限制的自由度</th></tr>
<tr><td rowspan="7">外圆柱表面</td><td>一个独立的支承板</td><td>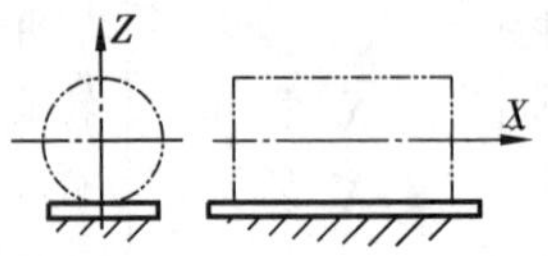
</td><td>支承板与工件线接触</td><td>$\vec{Z}$, $\widehat{Y}$</td></tr>
<tr><td rowspan="2">圆柱孔</td><td rowspan="2">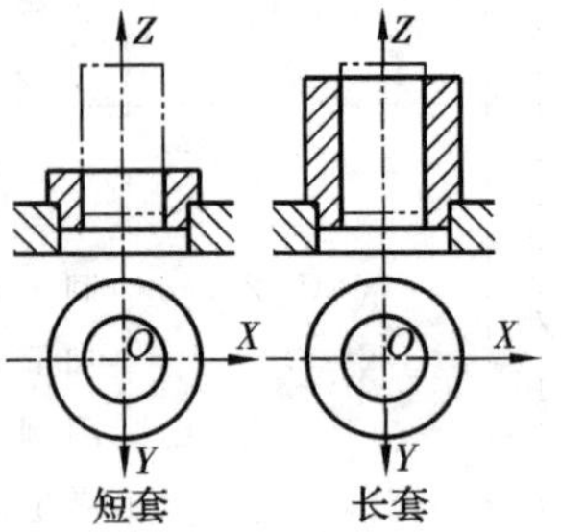
</td><td>短套</td><td>$\vec{X}$, $\vec{Y}$</td></tr>
<tr><td>长套</td><td>$\vec{X}$, $\vec{Y}$, $\widehat{X}$, $\widehat{Y}$</td></tr>
<tr><td rowspan="2">V 形块</td><td rowspan="2">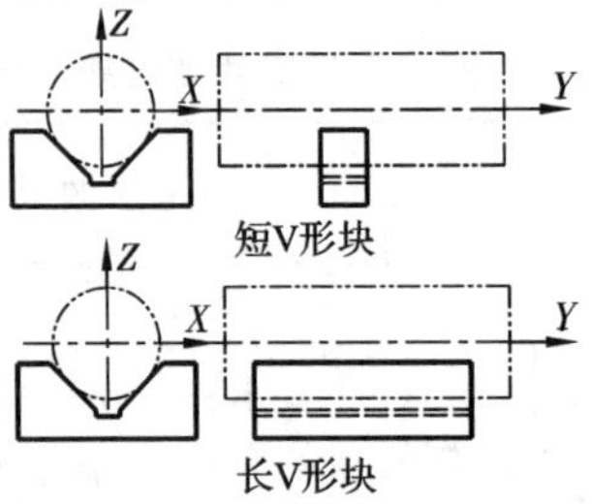
</td><td>短 V 形块</td><td>$\vec{X}$, $\vec{Z}$</td></tr>
<tr><td>长 V 形块</td><td>$\vec{X}$, $\vec{Z}$, $\widehat{X}$, $\widehat{Z}$</td></tr>
<tr><td rowspan="2">锥套</td><td rowspan="2">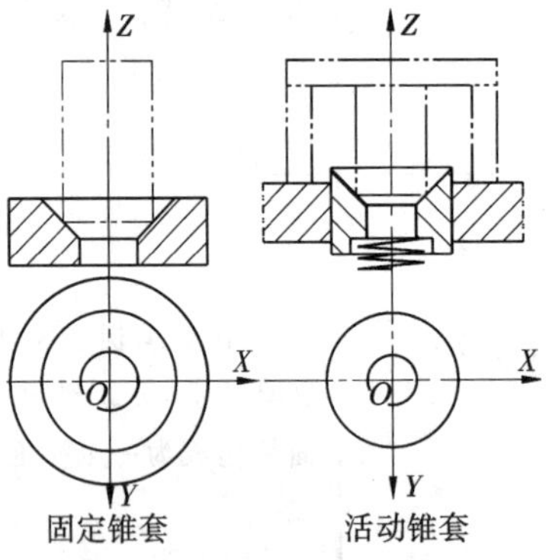
</td><td>固定锥套</td><td>$\vec{X}$, $\vec{Y}$, $\vec{Z}$</td></tr>
<tr><td>活动锥套</td><td>$\vec{X}$, $\vec{Y}$</td></tr>
<tr><td rowspan="2">孔定位</td><td rowspan="2">心轴</td><td>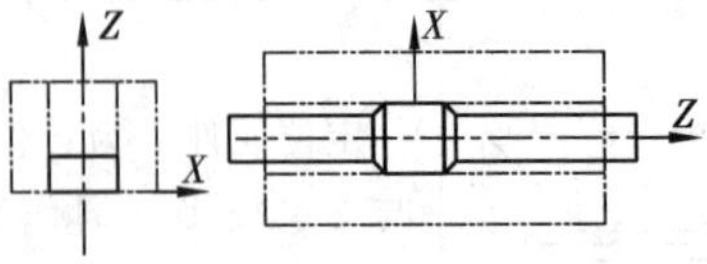
</td><td>短心轴</td><td>$\vec{X}$, $\vec{Y}$</td></tr>
<tr><td>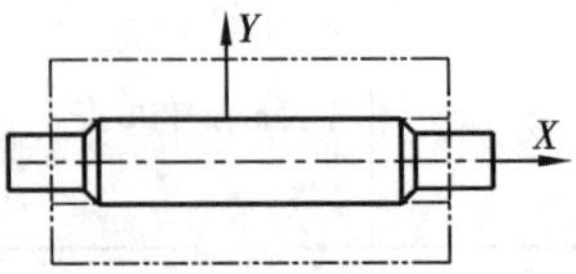
</td><td>长心轴</td><td>$\vec{Y}$, $\vec{Z}$, $\widehat{Y}$, $\widehat{Z}$</td></tr>
</table>

续表

工件定位基准面	定位元件	定位方式简图	定位元件特点	限制的自由度
孔定位	心轴		小锥度	$\vec{X},\vec{Y},\vec{Z},\overset{\frown}{Y},\overset{\frown}{Z}$
顶尖孔	双顶尖		双顶尖组合定位	$\vec{X},\vec{Y},\vec{Z},\overset{\frown}{Y},\overset{\frown}{Z}$

3.2.2 确定工件的夹紧方案

定位方式确定后，要选择合适的夹紧方案把工件的位置固定下来。选择夹紧方案的原则是夹得稳、夹得牢、夹得快。进而选择夹紧机构，此时要合理确定夹紧力的三要素：大小、方向和作用点。表 3-4 所示为一些典型夹紧机构及其相关说明，供选择时参考。

确定定位方案和夹紧方案后，可以用夹具方案简图表示出来，如表 3-5 所示，其中定位、夹紧符号在夹具方案简图上的用法参见《机械加工工艺手册》。

表 3-4 典型夹紧机构及简要说明

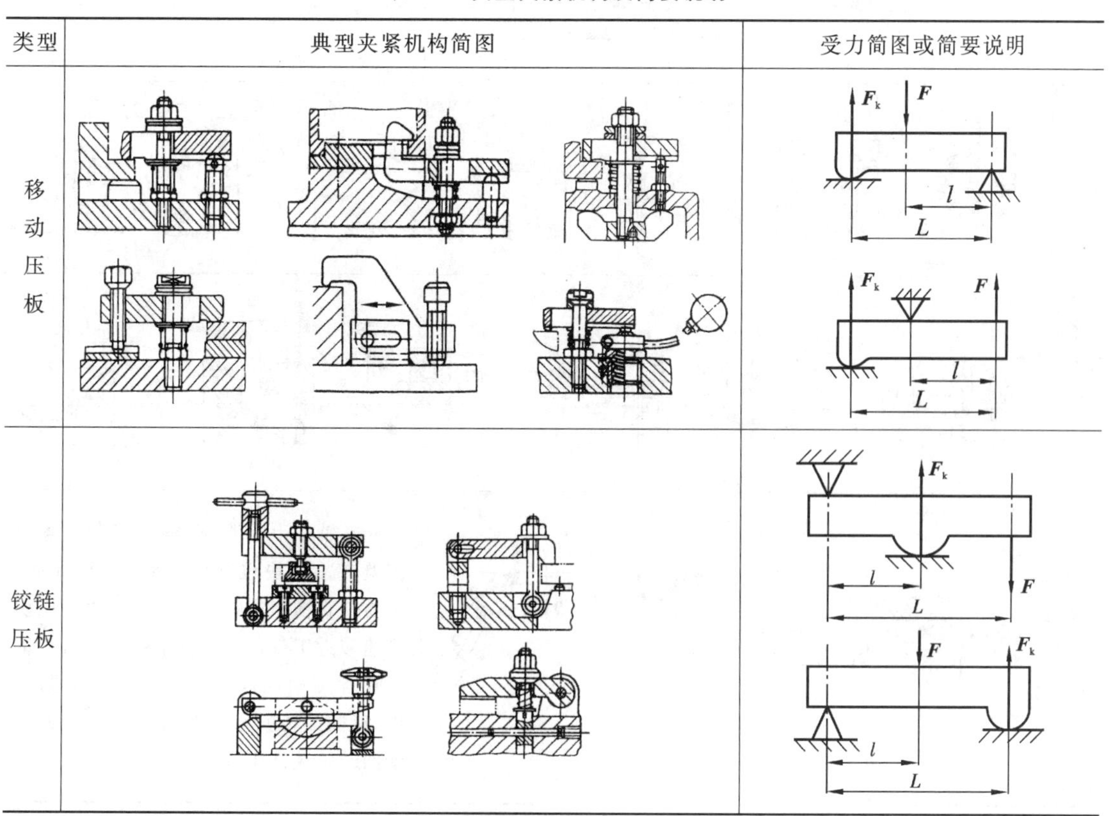

类型	典型夹紧机构简图	受力简图或简要说明
移动压板		
铰链压板		

续表

类型	典型夹紧机构简图	受力简图或简要说明
可卸压板	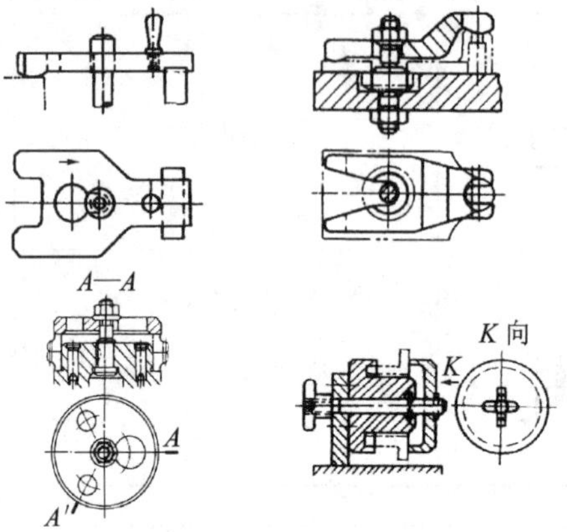 A—A　A　A　K向　K	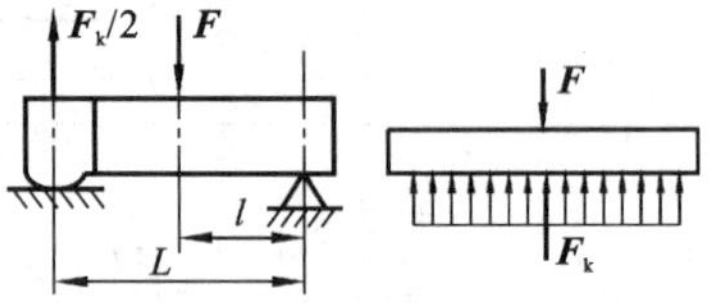 $F_k/2$　F　l　L　F　F_k
其他压板	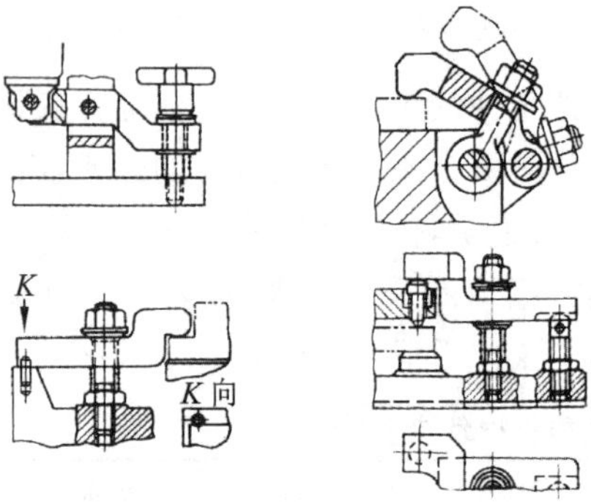 K　K向	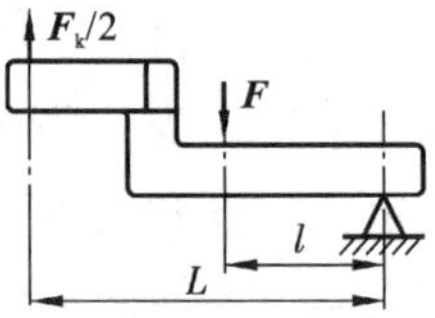 $F_k/2$　F　l　L
其他夹紧机构	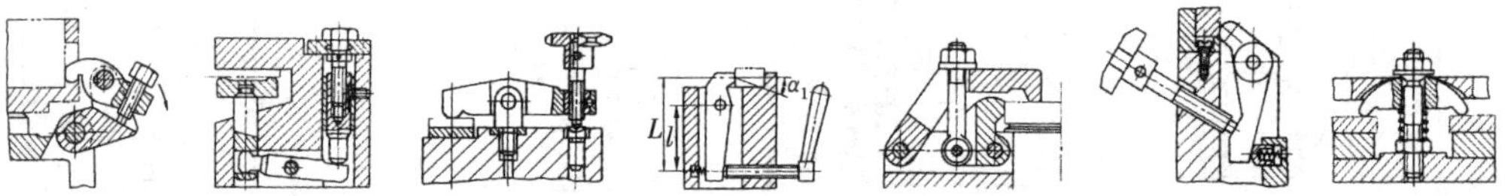 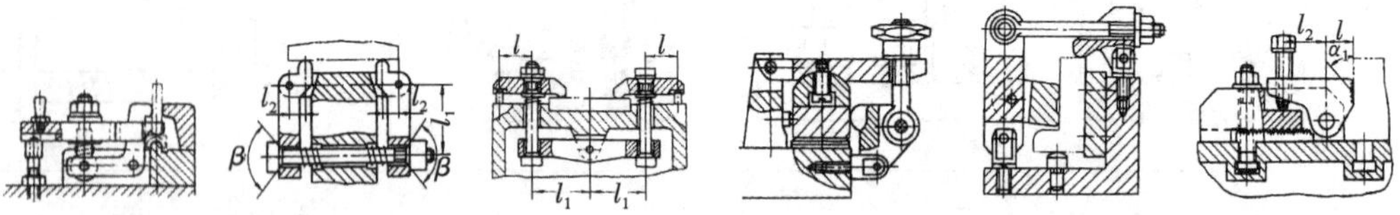 L　l　α_1　l_2　l　β　l_1　l_2　α_1	
快速夹紧机构	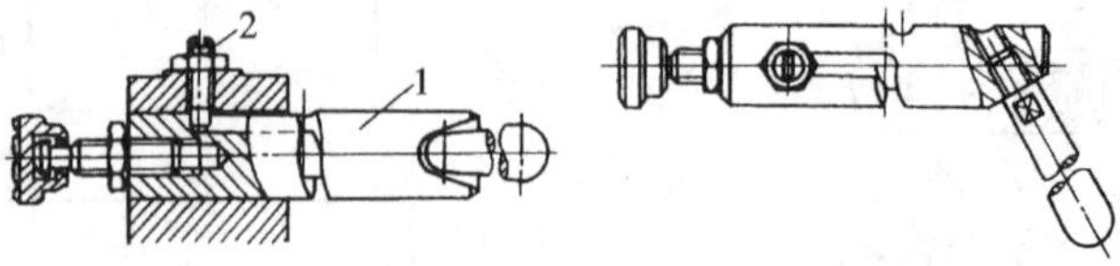 2　1 1—回转轴；2—螺钉	回转轴1上有直槽、螺旋槽和用螺栓调整夹紧压块位置的装置，调整好后，只要使直槽与螺钉2对齐就可以使压块快速接近工件的夹紧表面，转动回转轴1，在螺旋槽和螺钉2的作用下夹紧工件，反向旋转就可松开工件并可快速拉动回转轴装卸工件

续表

类型	典型夹紧机构简图	受力简图或简要说明
快速夹紧机构	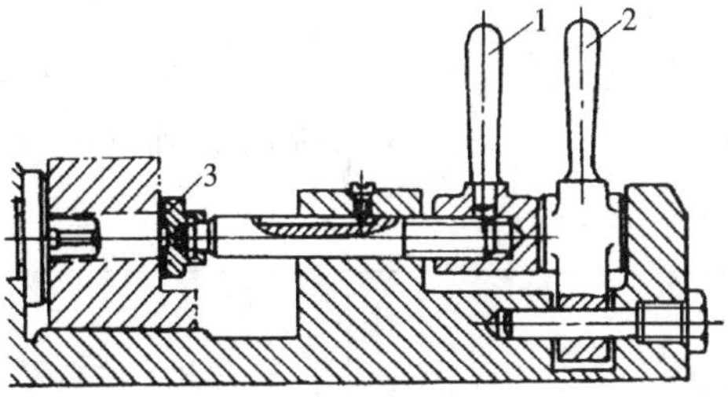 1、2—手柄；3—压块	压块 3 接近工件表面后，旋转手柄 2 可以转到图示的位置。此时，只要略微转动手柄 1 就可以实现快速夹紧工件。松开夹紧，转动手柄 2 就可以使手柄 1 有空间向右拉动，实现快速松开和夹紧操作
	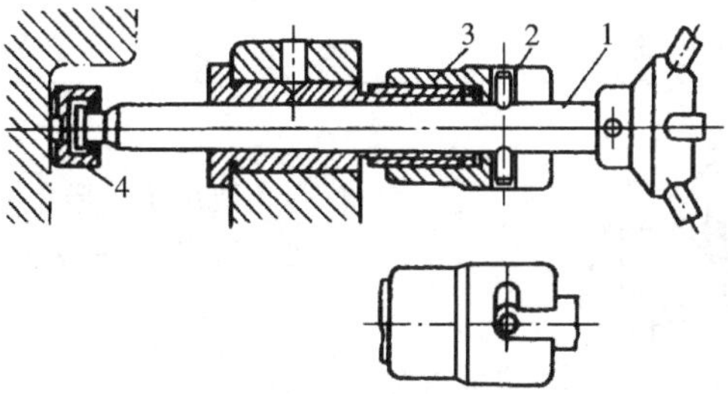 1—手柄；2—横销；3—螺母套；4—压块	工件安装后，手柄 1 和压块 4 快速接近工件，同时横销 2 进入螺母套 3 的纵向槽内，转动手柄就可以转动螺母套 3 实现手柄 1 的轴向运动，从而实现工件的夹紧和松开
	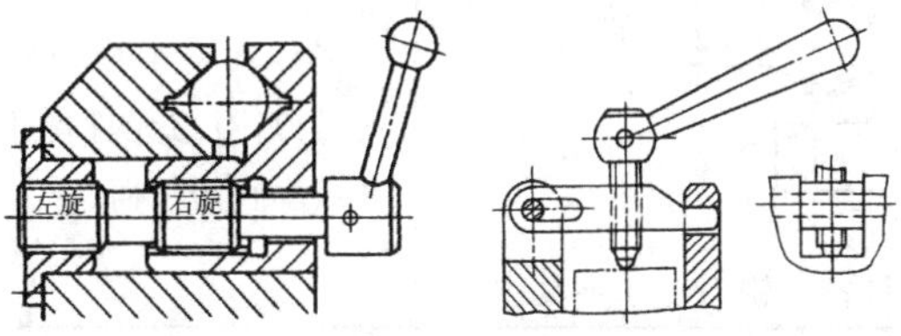 左旋 右旋 (a) (b)	图(a)所示左、右螺旋使两 V 形块等速同时夹紧或松开工件，实现工件的快速夹紧操作。图(b)所示转动手柄松开工件后，拉动机构左移，右端脱开后转动机构，即可实现工件的快速安装操作

表 3-5 夹具方案简图示例

方 案 说 明	定位、夹紧符号应用示例	夹具结构示例
安装在铣齿底座上的齿轮(齿形加工)	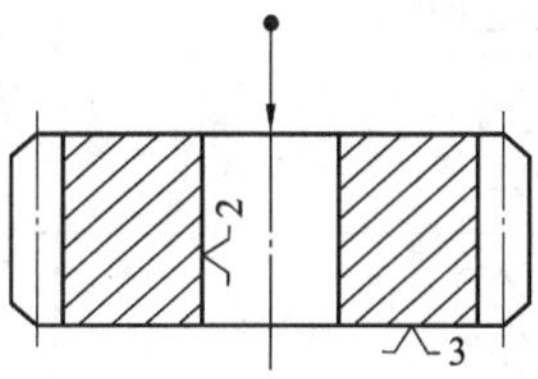 2 3	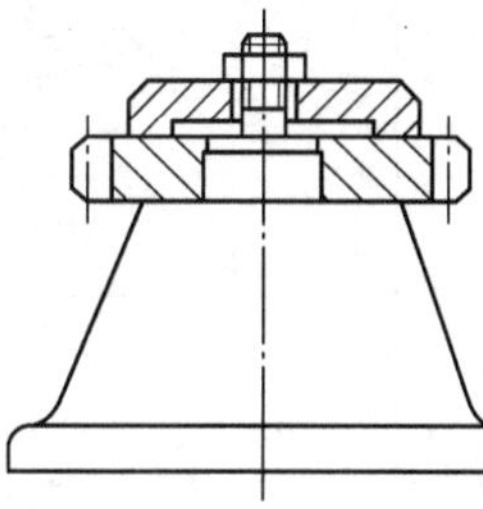

3.2.3 确定刀具的导向或对刀、引导方式

在铣、钻和镗削加工中，常用对刀块、钻套、镗套等元件来解决刀具的对刀、导向问题。

铣削夹具中典型的对刀方式及对刀块如表 3-6 所示。镗削夹具中导向套的布置形式如表 3-7 所示，镗套的基本类型如表 3-8 所示。钻夹具中常用的钻套、铣夹具的对刀块和对刀塞尺的结构和尺寸已经标准化，参见《机械加工工艺手册》。

表 3-6　铣削加工的典型对刀方式及对刀块

对刀装置名称	对切图示	用　途
平面对刀块	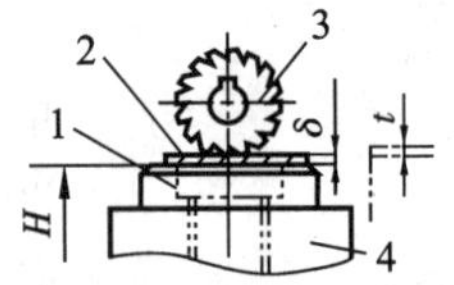 1—对刀块；2—塞尺；3—铣刀；4—夹具体	主要用于加工平面，对刀元件的工作表面为单一平面
直角对刀块	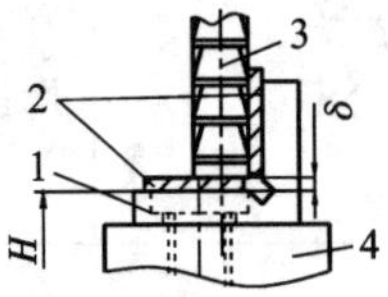 1—直角对刀块；2—塞尺；3—铣刀；4—夹具体	主要用于盘铣刀和圆柱铣刀的对刀，对刀元件的工作表面为一组垂直的平面
非标准对刀块	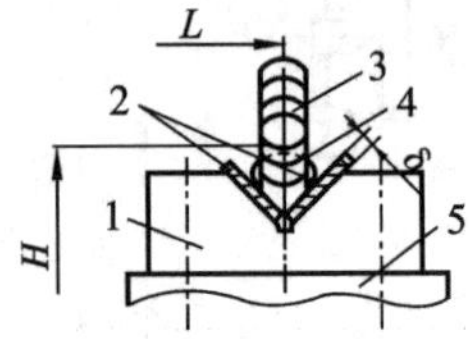 1—对刀块；2—塞尺；3—铣刀；4—心轴；5—夹具体	主要用于成形铣刀的对刀，对刀元件的工作表面根据要求自行设计
	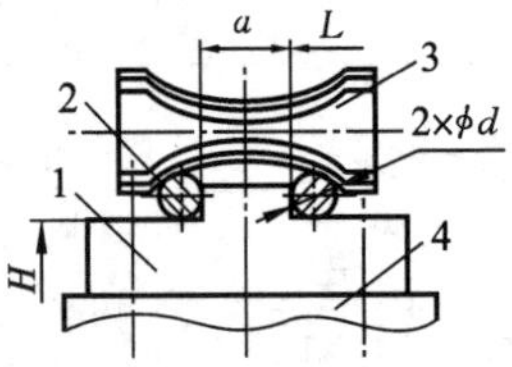 1—对刀块；2—圆柱形塞尺；3—铣刀；4—夹具体	圆柱塞尺主要用于成形铣刀的对刀，对刀元件的工作表面为一组垂直的平面

表 3-7　镗削加工时导向套的布置形式

布置形式	布置图	说明
单面前导向	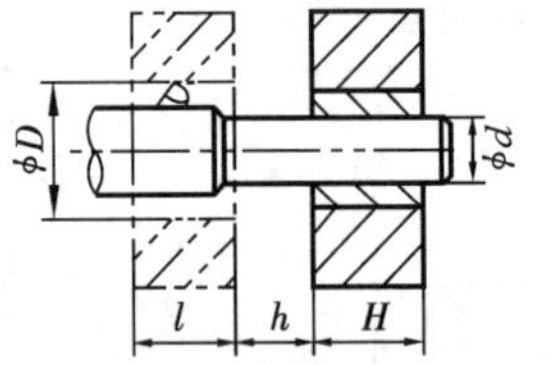	导向支架在刀具的前面，刀具与机床主轴刚性连接，适用于加工直径 $D>60$ mm、$L<D$ 的通孔，一般情况下，$h=(0.5\sim1)D$，但 h 不应小于 20 mm，$H=(1.5\sim3)d$
	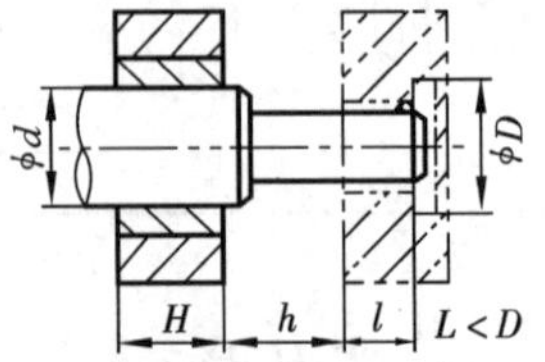	导向支架在刀具的后面，刀具与机床主轴刚性连接。 $L<D$ 时，刀具导向部分直径 d 可大于被加工孔的直径 D；刀杆刚性好，加工精度高；$L>D$ 时，刀具导向部分直径 d 应小于被加工孔的直径 D，镗杆进入孔内，可以减小镗杆的悬伸量。 $H=(1.5\sim3)d$
	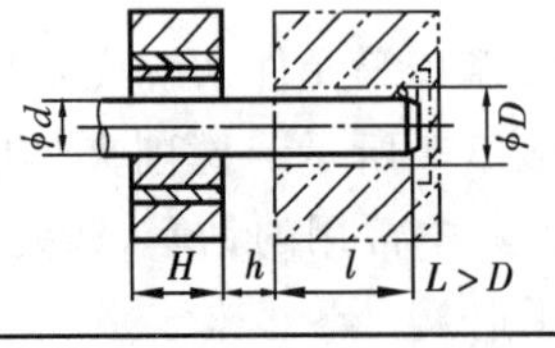	

续表

布置形式	布置图	说明
单面双导向	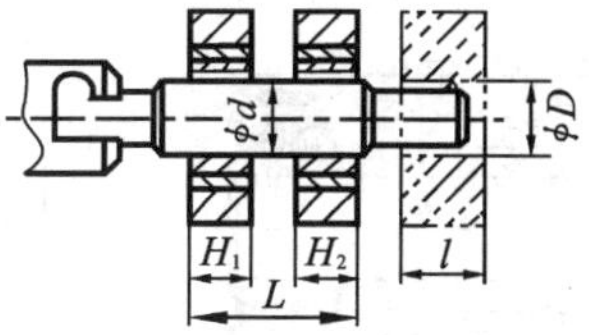	在工件的一侧装有两个导向支架。镗杆与机床主轴浮动连接，$1.5l \leqslant L \leqslant 5l$，$H_1 = H_2 = (1 \sim 2)d$
双面单导向	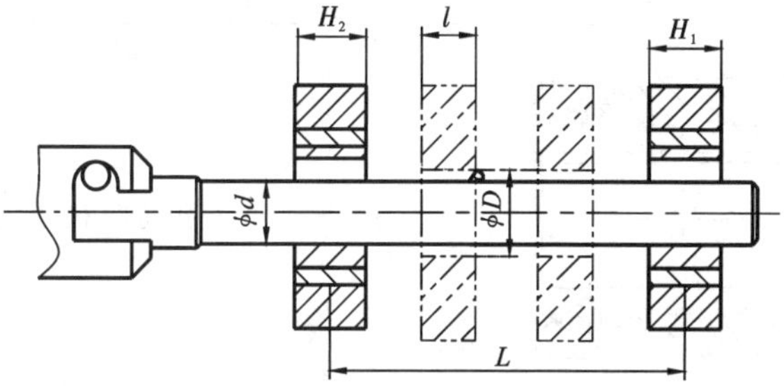	导向支架分别装在工件的两侧，刀具与机床主轴浮动连接。适用于 $L > 1.5D$ 的通孔或同轴线孔，且中心距或同轴度要求高的加工。当 $L > 10d$ 时，应加中间导向支架，导套高度 H： 固定式，$H_1 = H_2 = (1.5 \sim 2)d$ 滑动式，$H_1 = H_2 = (1.5 \sim 3)d$ 滚动式，$H_1 = H_2 = 0.75d$
双面双导向	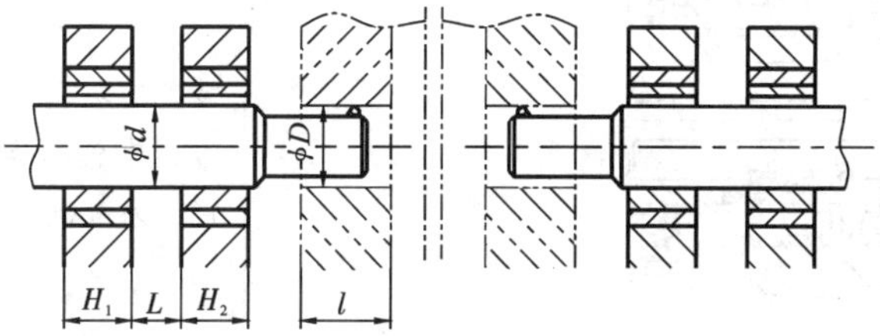	适用于专用的联动镗床，或加工精度高而需要两面镗孔时，在大批量生产中应用较广

表 3-8 镗套的基本类型

基本类型	结构简图	使用说明
固定式镗套	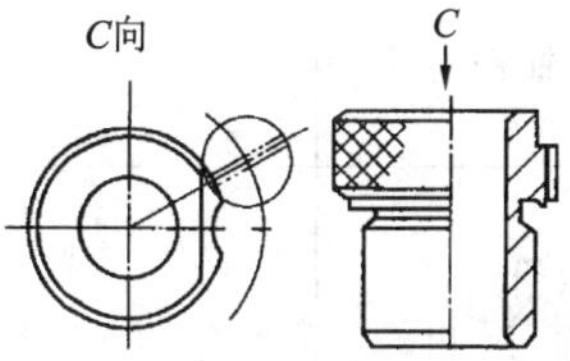 A 型 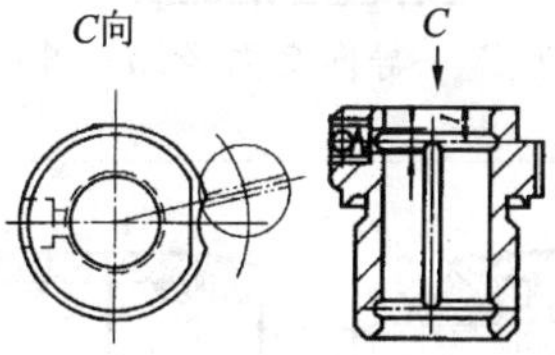　B 型	结构简单，外形尺寸小，中心位置准确。适用于低速镗孔
外滚式滑动镗套	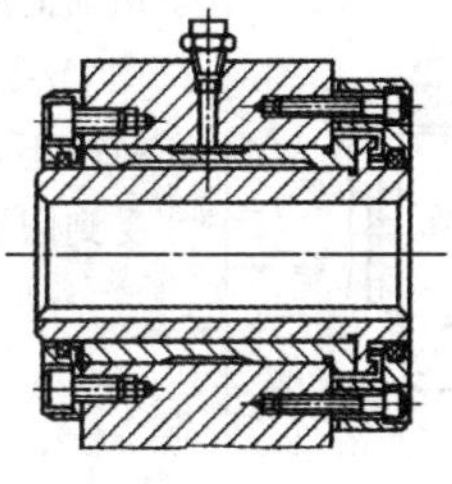 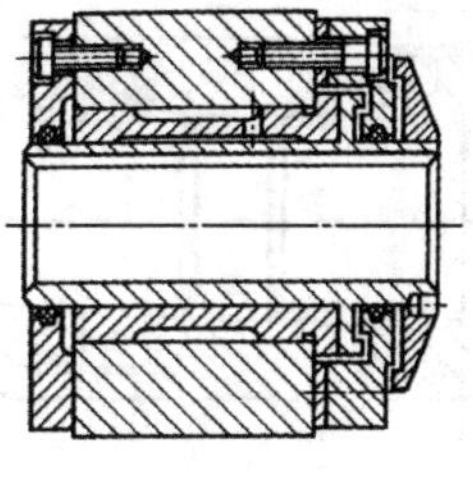	径向尺寸较小，抗震性能好，承载能力大。适用于精加工、回转线速度低于 24 m/min 的场合

续表

基本类型	结构简图	使用说明
外滚式滑动镗套	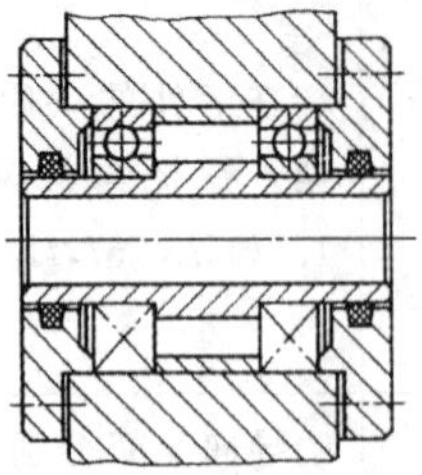 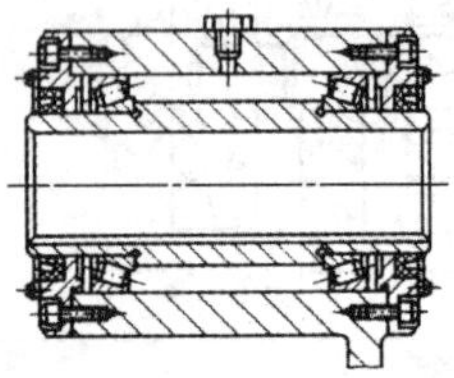	径向尺寸大，回转精度低。适用于粗加工或半精加工的场合
	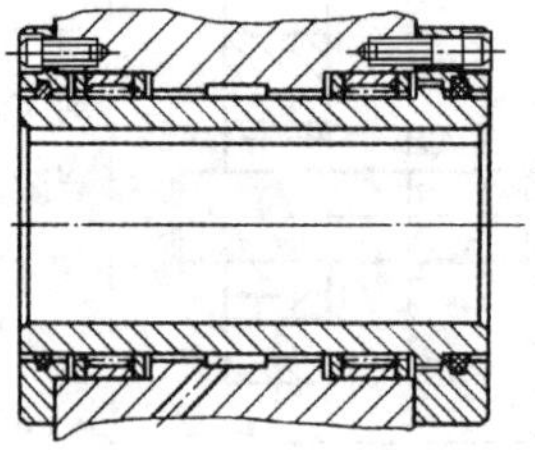	使用滚针轴承，适用于镗孔间距很小或径向荷载很大的场合
	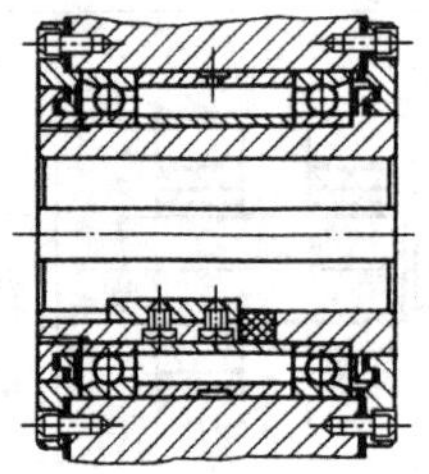	适用于机床主轴有定位装置的场合，以保证其工作过程中镗杆与引刀槽的位置关系准确
内滚式滑动镗套	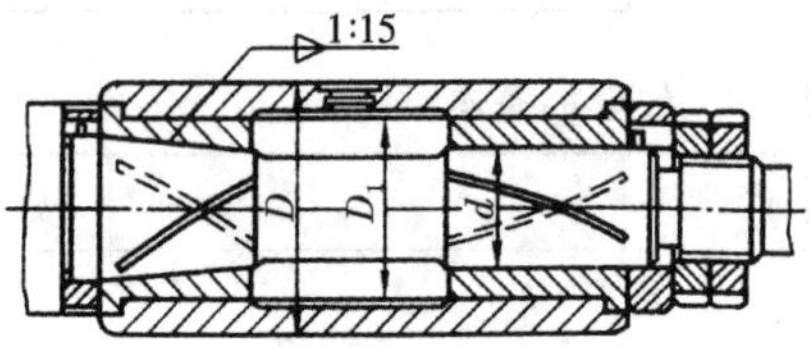 1:15 D—导向套外径；D_1—导向套内径；d—镗杆支承轴径	抗震性能好，用于半精加工或精加工的场合
	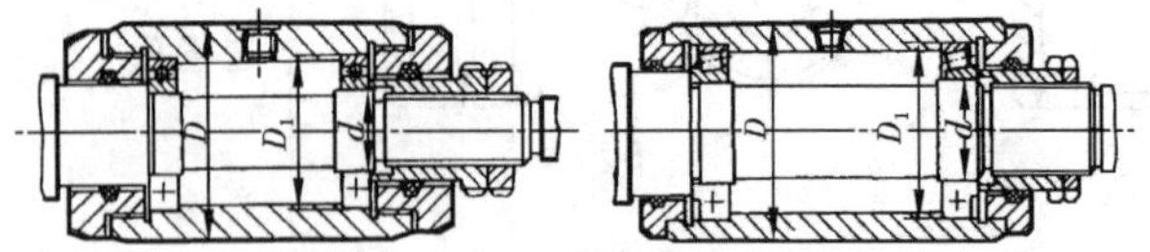 (a) 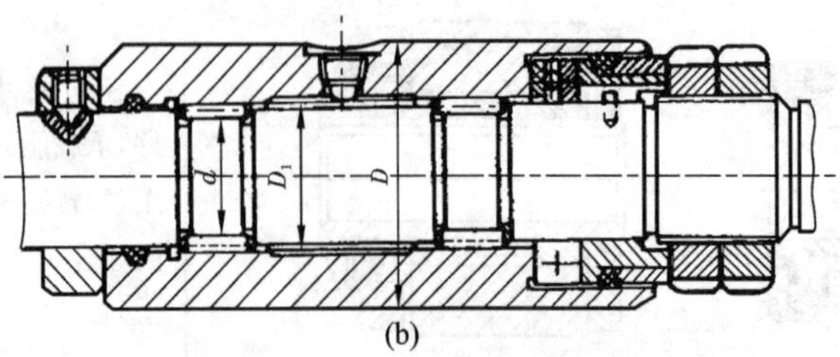 (b)	图(a)所示的两种镗套用于切削荷载较大的场合； 图(b)所示的镗套，刚度和精度不高，适用于镗杆尺寸受到限制的场合

3.2.4 设计方案的审查

1. 必要的加工精度分析计算

在确定了夹具的整体结构方案后，根据本工序加工要求，应对预先设计的相关尺寸公差及位置精度要求，根据影响加工精度的相关因素，进行必要的误差分析计算，以验证所设计的结构及相关的技术要求是否满足要求，在正式绘制装配图前发现问题并及时更正。其中定位误差是衡量夹具设计质量的一个关键指标。一般情况下，定位误差应该不大于本工序加工允许误差的 1/3。如表 3-9 所示是几种典型定位方式下定位误差的计算公式。

表 3-9 典型定位状态下定位误差的计算公式

定位形式	定位方式简图	定位误差计算公式/mm	说明
用一个平面定位	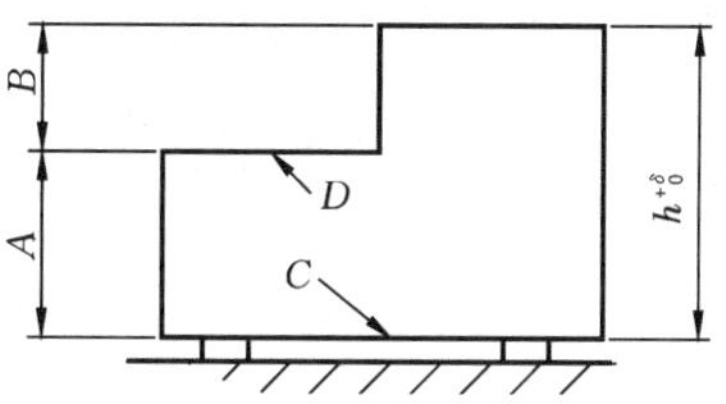	$\Delta_{DW}(A)=0$ $\Delta_{DW}(B)=\delta$	h 尺寸应由前一工序保证。本工序的定位基准为 C 表面，加工 D 表面时，A 尺寸的定位基准与工序基准重合，B 尺寸的定位基准与工序基准不重合
用两个垂直平面定位	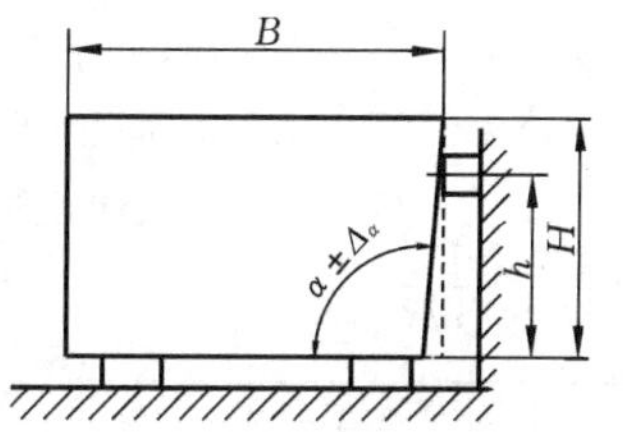	当 $\alpha=90°$、$h<H$ 时， $\Delta_{DW}(B)=2(H-h)\tan\Delta_\alpha$	由于角度误差 Δ_α 的存在，在此定位状态下，B 尺寸方向有误差
	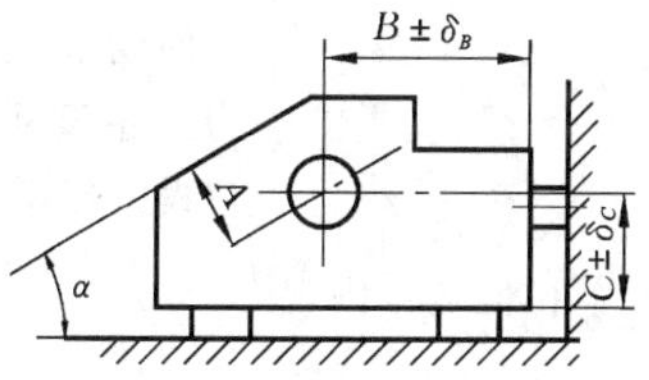	$\Delta_{DW}(B)=2\delta_C\cos\alpha+2\delta_B\cdot\cos(90°-\alpha)$	加工斜面要求保证尺寸 A
用两个水平面定位	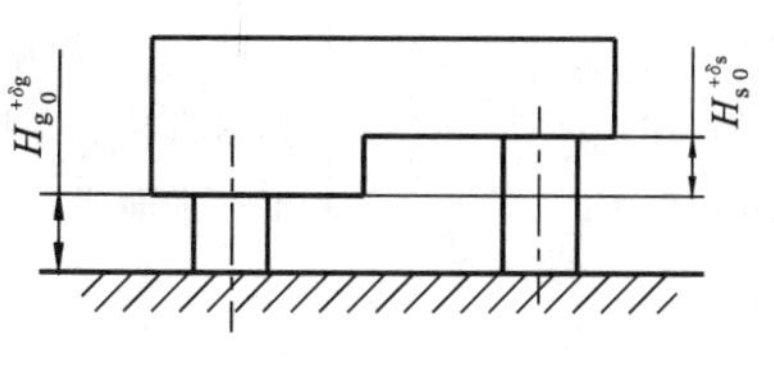	$\Delta_{JW}=\arctan(\delta_g+\delta_s)/L$	H_g 为工件的台阶尺寸，H_s 为定位元件的高度差尺寸。这样的定位方式将使工件在平行于图面的方向产生转角误差

续表

定位形式	定位方式简图	定位误差计算公式/mm	说　　明
用一面一孔定位	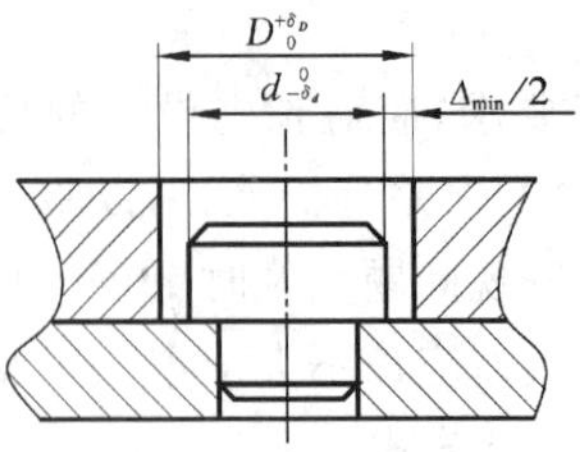	任意边接触： $\Delta_{DW}=\delta_D+\delta_d+\Delta_{min}$ 固定边接触： $\Delta_{DW}=(\delta_D+\delta_d)/2$	Δ_{min} 为定位副的最小间隙
用一面两孔定位	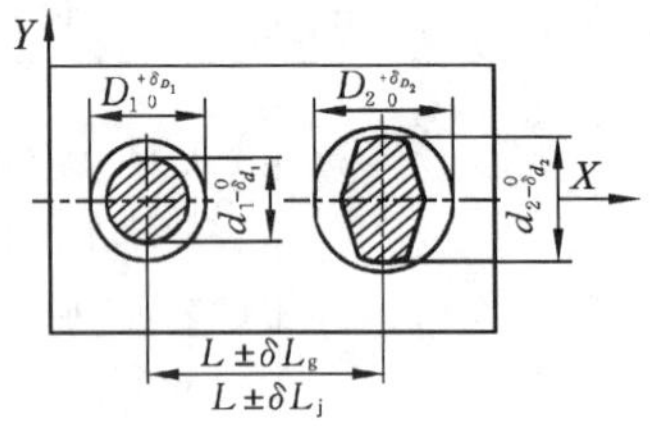	$\Delta_{DW}(Y)=\delta_{D_1}+\delta_{d_1}+\Delta_{1min}$ $\Delta_{JW}=\pm\arctan(\delta_{D_1}+\delta_{d_1}+\Delta_{1min}+\delta_{D_2}+\delta_{d_2}+\Delta_{2min})/2L$	Δ_{1min} 为定位副 1 的最小间隙； Δ_{2min} 为定位副 2 的最小间隙
用 V 形块以工件的外圆为基准面定位	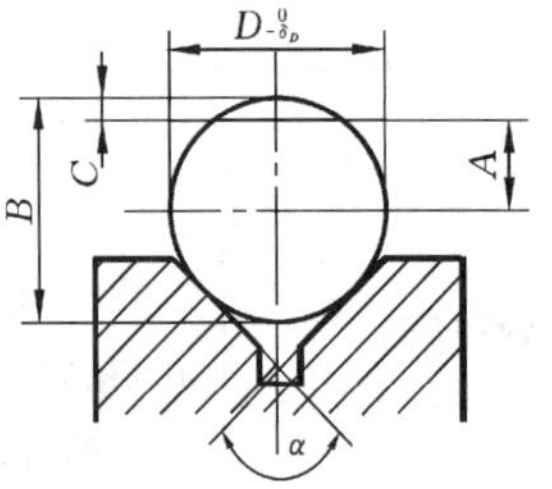	$\Delta_{DW}(A)=\frac{\delta_D}{2\sin\alpha/2}$ $\Delta_{DW}(B)=\frac{\delta_D}{2}\left(\frac{1}{\sin\alpha/2}-1\right)$ $\Delta_{DW}(C)=\frac{\delta_D}{2}\left(\frac{1}{\sin\alpha/2}+1\right)$	在外圆表面上加工一平面，三个公式为三种不同工序尺寸（A、B、C）情况下定位误差的计算公式
	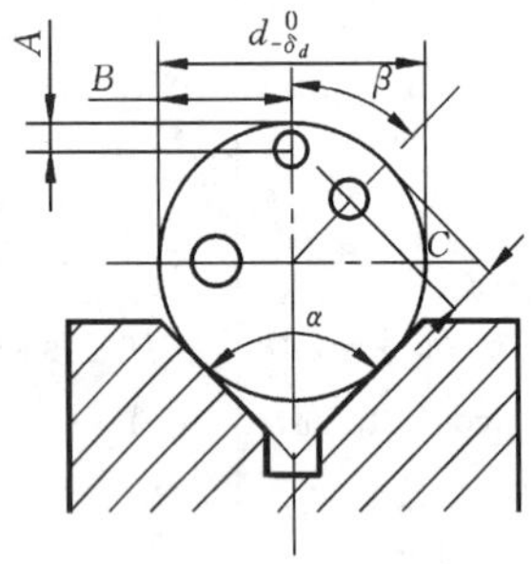	$\Delta_{DW}(A)=\frac{\delta_d}{2}\left(\frac{1}{\sin\alpha/2}+1\right)$ $\Delta_{DW}(B)=\delta_d/2$ $\Delta_{DW}(C)=\frac{\delta_d}{2}\left(\frac{\cos\beta}{\sin\alpha/2}+1\right)$	在圆端面上，加工三个孔的情况，三个公式分别为工序尺寸 A、B、C 的定位误差计算公式
定心夹紧机构定位	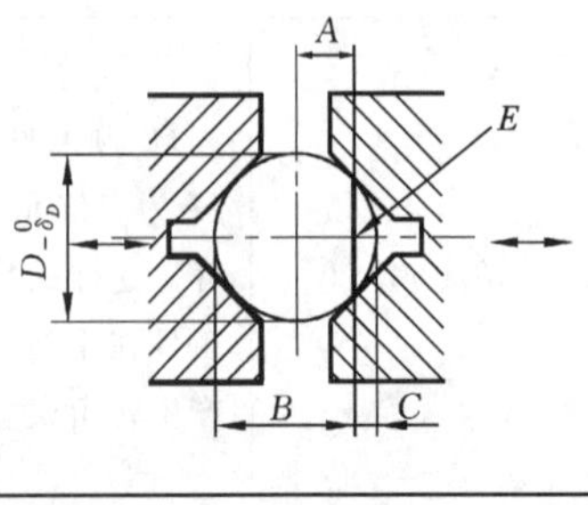	$\Delta_{DW}(A)=0$ $\Delta_{DW}(B)=\delta_D/2$ $\Delta_{DW}(C)=\delta_D/2$	两 V 形块构成一个定心夹紧机构。在圆端面上加工一平面要素 E

注：Δ_{DW} 为定位误差，Δ_α 为角度误差，Δ_{JW} 为基准位移误差，δ 为工序尺寸公差。

2. 必要的夹紧力的分析计算

在明确了本工序采用的加工方法及相关的切削用量后，请参考《机械加工工艺手册》，根据切削力的经验公式计算出采用各种加工方法时所产生的切削力，它是确定所需要夹紧力大小的一个主要因素。表 3-10 所示为各种夹紧方式下所需要夹紧力的估算公式。

表 3-10 各种夹紧方式下夹紧力的估算公式

夹紧方式	受力简图	夹紧力的估算公式
工件以平面和圆孔定位，用压板夹紧	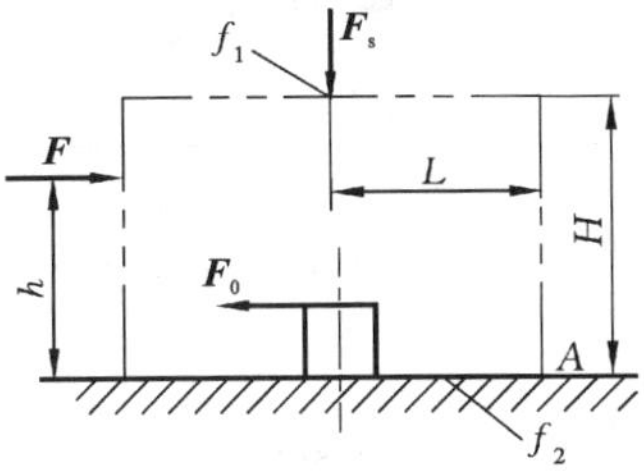	为克服切削力 **F** 使工件绕 A 点倾转，所需要的实际夹紧力 $F_s=\dfrac{KFh}{f_1H+L}$ 为防止工件平移所需要的夹紧力 $F_s'=\dfrac{K(F-F_0)}{f_1+f_2}$ 式中：F_0 为定位销允许承受的切削力，$F_0=dj[\sigma]$，d 为定位销直径，j 为接触长度；f_1、f_2 为摩擦系数；K 为安全系数
工件用三爪卡盘定心夹紧	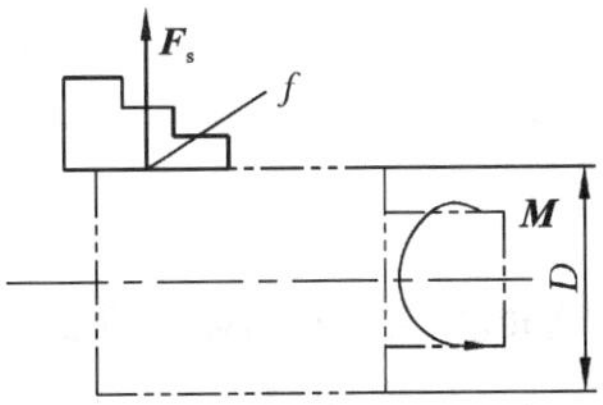	为防止工件绕轴线转动，每个卡爪所需要的实际夹紧力 $F_s=\dfrac{2KM}{3Df}$ 为防止工件沿轴线移动，每个卡爪所需要的夹紧力 $F_s'=\dfrac{KF_a}{3f}$ 式中：M 为切削转矩(N·m)；F_a 为轴向切削分力(N)
工件以两平面定位，侧向夹紧	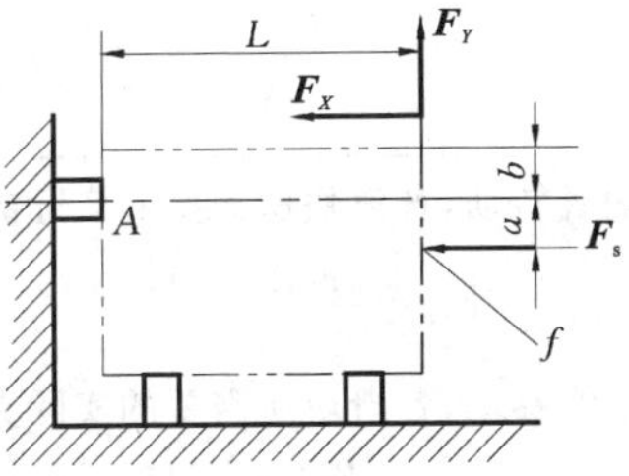	为防止工件绕 A 点转动，所需要的实际夹紧力 $F_s=K\dfrac{F_Xb+F_YL}{a+fL}$
工件以一面两孔定位，用压板夹紧	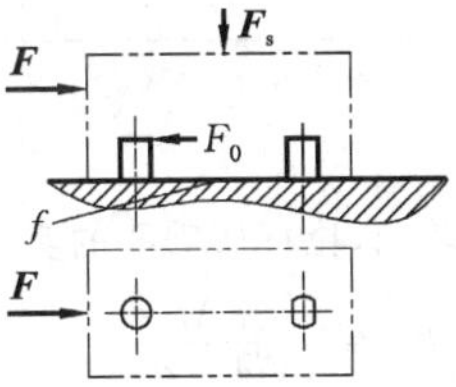	为防止工件在切削力 **F** 的作用下转动，所需要的实际夹紧力 $F_s=\dfrac{K(F-F_0)}{f}$ 式中：F_0 为圆柱销允许承受的切削力(N)
工件以圆柱面在 V 形块上定位，用压板夹紧	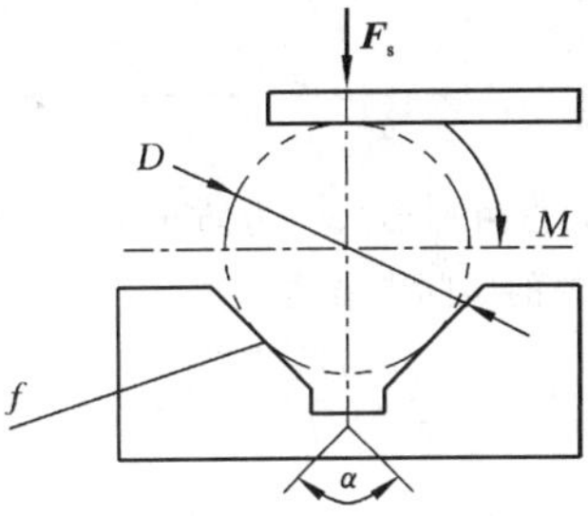	为防止工件绕轴线转动，所需要的实际夹紧力 $F_s=\dfrac{2KM\sin\frac{\alpha}{2}}{Df\left(1+\sin\frac{\alpha}{2}\right)}$

续表

夹紧方式	受力简图	夹紧力的估算公式
工件以圆柱面在V形块上定位，用活动V形块夹紧	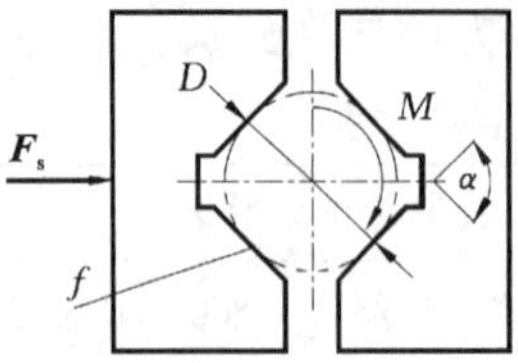	为防止工件绕轴线转动，所需要的实际夹紧力 $F_s=\dfrac{2KM\sin\frac{\alpha}{2}}{Df}$ 为防止工件在轴向力的作用下移动，所需要的实际夹紧力 $F_s=\dfrac{2KF_X\sin\frac{\alpha}{2}}{f}$
工件以圆柱面在V形块上定位，用压板夹紧	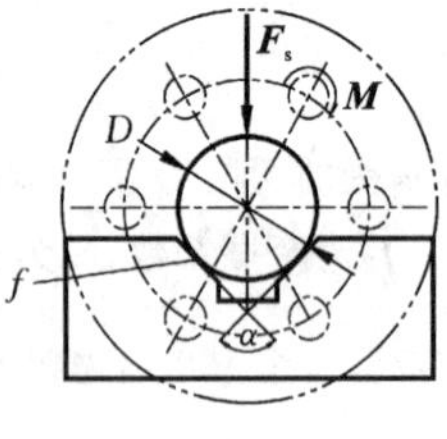	同时加工6个孔。为防止工件绕轴线转动，所需要的实际夹紧力 $F_s=\dfrac{2KM\sin\frac{\alpha}{2}}{Df\left(1+\sin\frac{\alpha}{2}\right)}$
工件以平面和外圆柱面定位，用压板夹紧	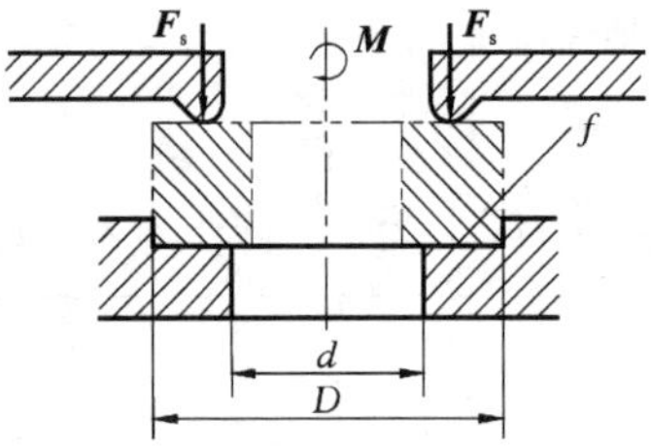	为防止工件绕轴线转动，各压板所需要的实际夹紧力 $F_s=\dfrac{KM}{2f(D-d)}$
工件以圆孔定位，用斜楔-滑块机构定心夹紧	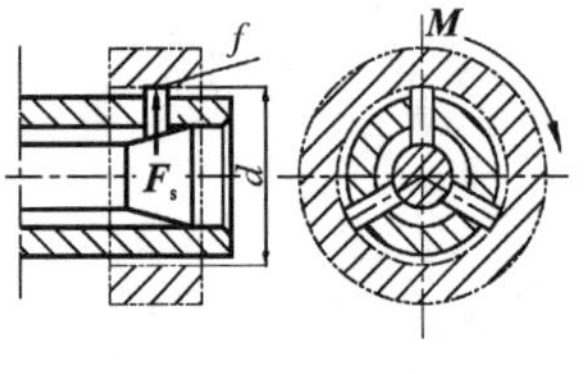	为防止工件绕轴线转动，各滑块所需要的实际夹紧力 $F_s=\dfrac{2KM}{3df}$ 为防止工件沿轴线移动，各滑块所需要的实际夹紧力 $F_s=\dfrac{KF_X}{3f}$
工件以圆孔定位，用拉杆压板夹紧	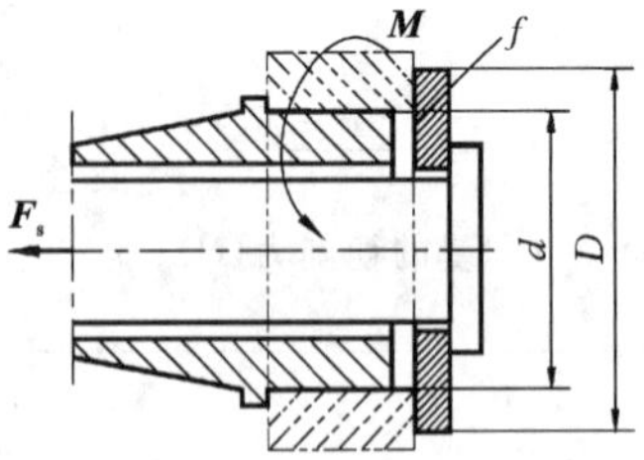	为防止工件绕轴线转动，拉杆所需要的实际夹紧力 $F_s=\dfrac{4KM}{f(D-d)}$
工件以圆孔表面定位，用弹簧夹头定心夹紧	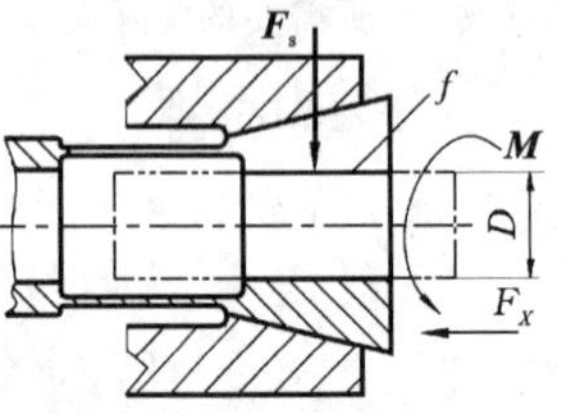	有内径和外径定心两种形式。为防止工件绕轴线转动和沿轴线移动，所需要的实际夹紧力 $F_s=\dfrac{K}{f}\sqrt{\dfrac{4M^2}{D^2}+F_X^2}$

3. 零件的强度、刚度分析计算

对那些承受主要夹紧力和切削力的零件，以及由于定位误差引起的尺寸变动量超过未注尺寸公差的尺寸，在必要的时候要进行强度和刚度的分析计算。具体请参见机械设计类相关书籍。

3.3 机床夹具元件的确定

夹具方案审查通过后，可以着手进行各类夹具元件的确定。常用的夹具元件有定位元件、夹紧元件和对刀引导元件。大多数定位元件、夹紧元件和对刀引导元件都已经标准化，可参见相关标准。

3.3.1 定位元件的确定

定位元件根据前述定位方案的需要来选取。表 3-11 至表 3-13 所示为不同定位方式下常用定位元件的选择及使用说明，供选用时参考。选定定位元件的类型后，根据定位基准面的大小完成具体结构和尺寸的设计。

表 3-11 工件以平面定位时定位元件的选择及使用说明

	定位元件类型与名称	使用说明
支承钉	A型 B型 C型	定位元件的工作表面为大头的上侧部分，A 型用于精基准，B 型用于粗基准，C 型用于侧面定位，可避免有异物存在影响定位。支承钉与夹具体孔的配合为 H7/r6 或 H7/n6。若支承钉需要经常更换，可加衬套，衬套的外径与夹具体孔的配合为 H7/r6 或 H7/n6，内径与支承钉的配合为 H7/js6。当使用几个 A 型支承钉（处于同一平面）时，装配后应一次磨平工作表面，以保证其平面度
支承板	A 型 B 型	A 型适用于精基准定位。其结构简单、紧凑，但切屑易落入螺钉头周围的缝隙中，不易清除。因此，A 型多用于侧面和顶面的定位。B 型的支承板，在工作面上有 45°的斜槽，能保持与工件定位基准面连续接触，清除切屑方便，所以多用于平面定位。支承板用螺钉紧固在夹具体上，当采用两个以上的支承板定位时，装配后应一次磨平工作表面，以保证其平面度
可调支承	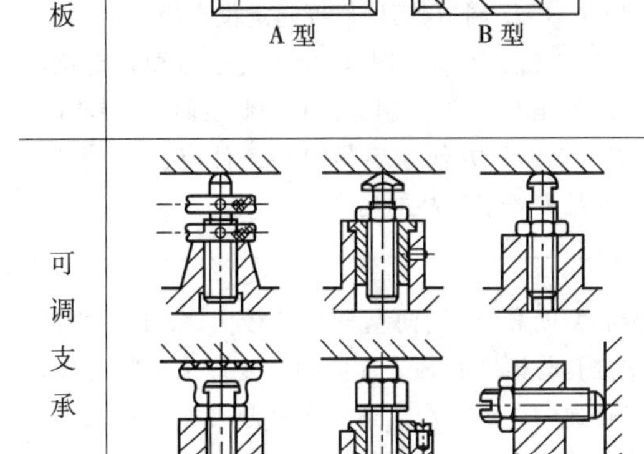	适用于分批制造、形状和尺寸变化较大的毛坯（如铸、锻件）的粗基准定位。也可用于用同一夹具加工形状相同而尺寸不同的工件的情况，或用于专用可调夹具和成组夹具中，在加工一批工件前调整一次，调整后用锁紧螺母锁紧

续表

	定位元件类型与名称	使用说明
自位支承	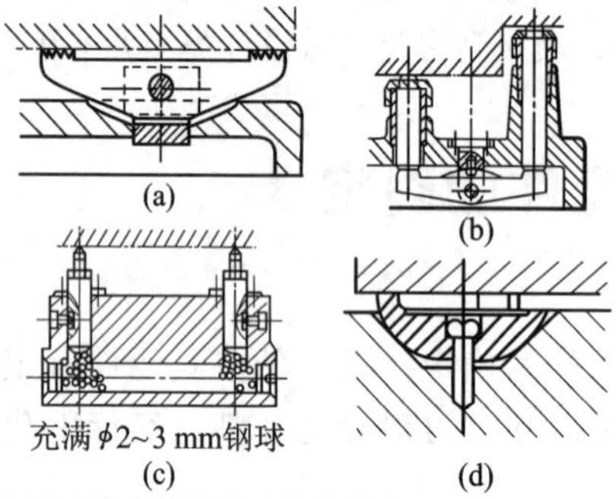 (a) (b) 充满ϕ2~3 mm钢球 (c) (d)	支承本身在定位过程的位置是随与之接触的工件定位基准面的位置变化而变化的，其作用只相当于一个支承钉，但由于增加了定位支承点数或支承面积，使得定位刚度和稳定性得到了很大的提高，因此适用于工件以粗基准表面定位，阶梯表面和刚性不足的定位场合
辅助支承	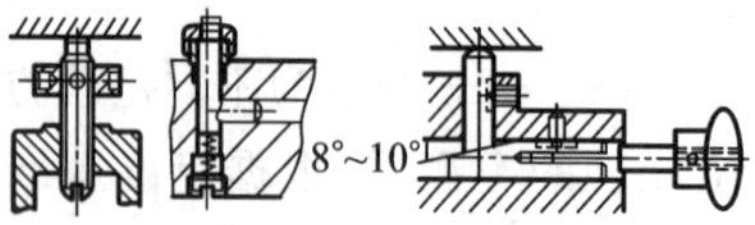 8°~10°	目的在于提高安装刚度，不起限制工件自由度的作用，使用时需要根据工件与辅助支承的实际接触情况，通过调整辅助支承的位置来适应工件支承面的变化。 调整好辅助支承的位置后要锁紧，以保证支承刚度。 其结构简单，但效率低

表 3-12　工件以圆柱孔定位时定位元件的选择及使用说明

	定位元件类型与名称	使用说明
定位销	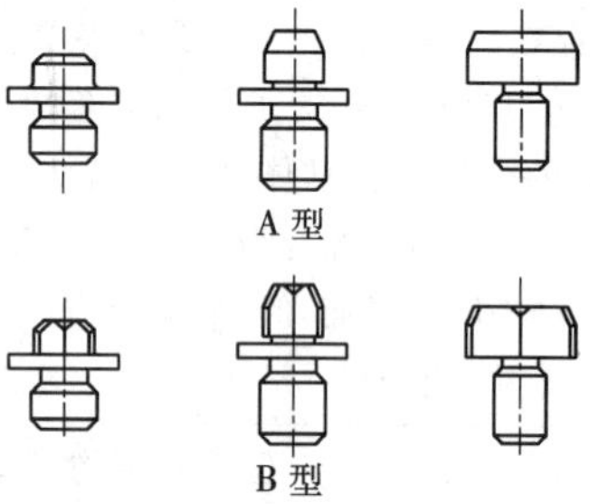 A 型 B 型	定位销的工作表面为上部的外圆表面，其制造精度可根据安装的方便性按 g5、g6、f6、f7 制造。定位销下部与夹具体配合，其配合可选择 H7/r6 或 H7/n6，若支承钉需要经常更换可加衬套，衬套的外径与夹具体孔的配合为 H7/n6，内径与定位销的配合为 H7/h6 或 H7/h5。当使用工件的孔和端面组合定位时，应该加上支承板或支承垫圈
定位心轴	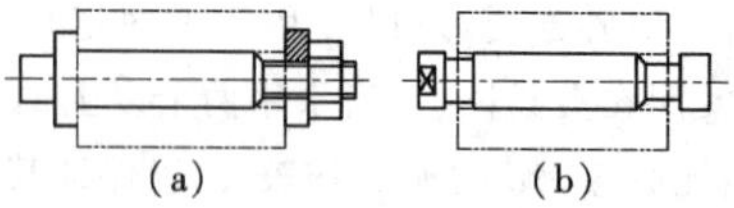 (a) (b)	工件为双点画线表示的部分，以孔与定位心轴定位。图(a)所示为间隙配合定位，心轴工作部分按基孔制 h6、g6、f7 制造，其轴肩也起定位作用。定位方便，但定心精度不高。图(b)所示为过盈配合定位，心轴的工作部分按 r6 制造。心轴制造简单，定心准确，安装工件不方便且容易损伤工件定位孔，多用于定心精度要求较高的场合
锥度心轴	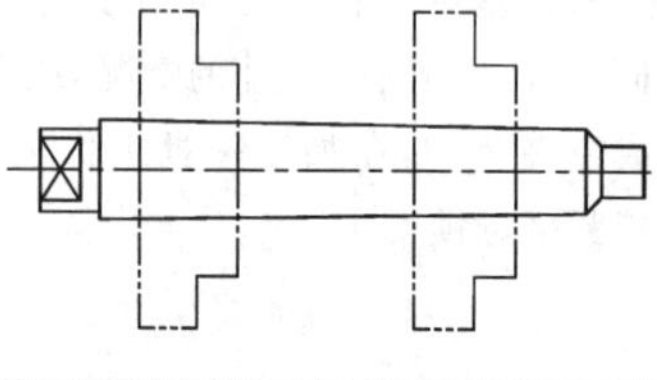	定心精度高，但轴向基准位移较大，靠工件的定位基准孔与锥度心轴表面的弹性变形来夹紧工件，所以传递的转矩较小。适用于外圆表面的精加工。工作面的锥度一般取 1/1000～1/5000

续表

	定位元件类型与名称	使用说明
圆锥销	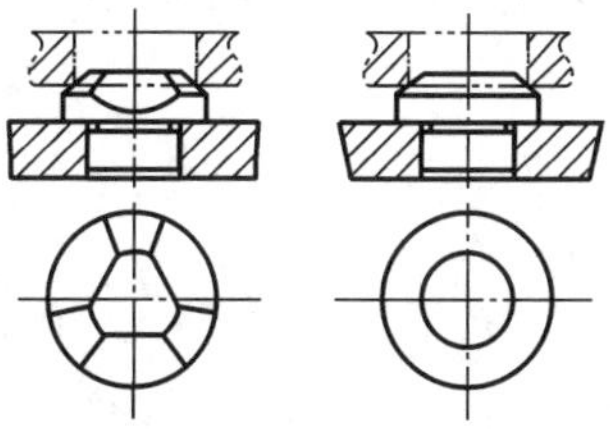 (a) (b)	用工件的孔和圆锥销的接触实现定位。图(a)所示用于粗基准,图(b)所示用于精基准。以单个圆锥销定位工件容易倾斜,所以应该和其他定位元件组合起来进行定位
特殊双顶尖	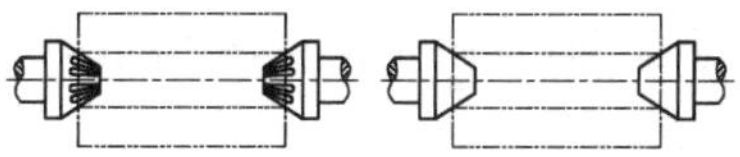	双顶尖定位时一般是一侧为死顶尖、另一侧为活顶尖,其中活顶尖兼有传递力矩、驱动工件旋转的作用,一般用于粗基准,孔在后续工序中还要进行加工

表 3-13　工件以圆柱面定位时定位元件的选择及使用说明

	定位元件类型与名称	使用说明
固定V形块	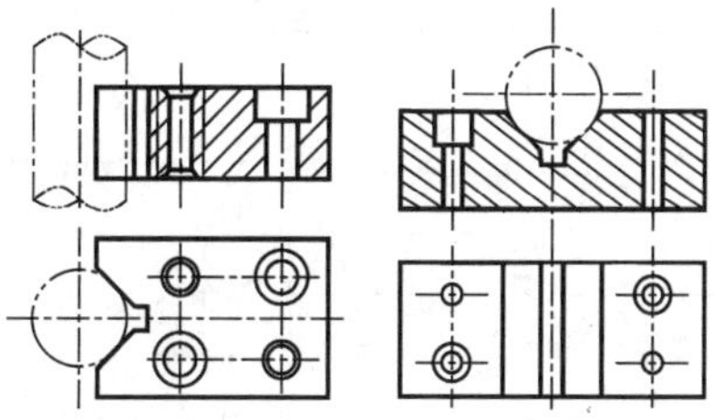	对中性好,能使工件的定位基准(圆柱中心线)在V形块两斜面的对称平面上,而不受定位基准面(圆柱表面)直径误差的影响。安装方便,可用于粗、精基准的定位
活动V形块	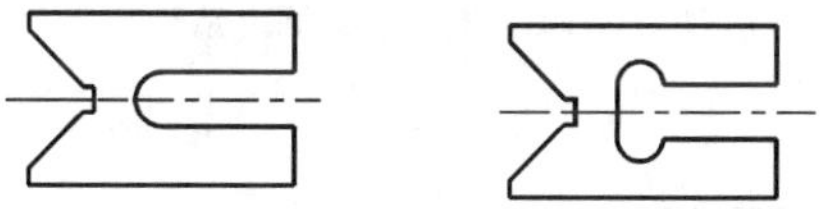 (a) (b)	图(a)所示结构用于同一类型加工尺寸有变化的工件,也用于可调夹具及成组夹具中; 图(b)所示结构用于定位夹紧机构,可沿中心线移动,直至夹紧工件,起消除工件一个自由度的作用
圆柱孔中定位	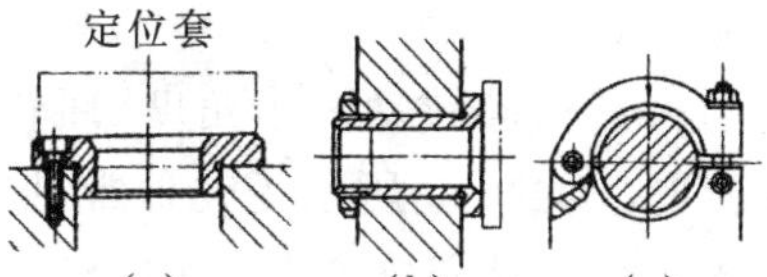 定位套 (a) (b) (c)	图(a)中工件用小端圆柱表面(第二定位基准)和端面组合定位; 图(b)中用外圆柱表面(第一定位基准面)和端面组合定位; 图(c)中下半圆为定位套,上半圆起夹紧作用,适用于大型零件圆柱表面定位

3.3.2 夹紧元件的确定

常用的夹紧元件有螺母、螺钉、垫圈、压块和压板，它们的结构和规格参数参见《机械加工工艺手册》。

3.3.3 对刀引导元件的确定

常用对刀引导元件已经标准化，按需要选用即可。

常用铣削加工对刀块的结构和参数、常用铣削加工对刀塞尺的结构和参数、常用钻套及钻套用螺钉的结构和参数参见《机械加工工艺手册》。

在选用钻套时，还要选取合适的钻套高度，以及钻套与零件被加工表面之间合适的排屑间隙。钻套高度越大，导向性越好，但与刀具的摩擦力也越大。排屑间隙越大，越有利于排屑，但导向作用越差。故应该合理地选择钻套高度和排屑间隙，通常可按表 3-14 所示的经验值选取。孔径越小、精度越高则应选取的 H 值越大。

表 3-14 钻套高度和排屑间隙 单位：mm

简　图	加工条件	钻套高度	加工材料	排屑间隙
H h L d	一般螺孔、销孔、孔距公差为±0.25	$H=(1.5\sim2)d$	铸铁	$h=(0.3\sim0.7)d$
	H7 以上的孔、孔距公差为±(0.1～0.15)	$H=(2.5\sim3.5)d$		
	H8 以下的孔、孔距公差为±(0.06～0.10)	$H=(1.25\sim1.5)d$	钢、青铜、铝合金	$h=(0.7\sim1.5)d$

注：孔的位置精度要求高时，允许 $h=0$；钻深孔（$L/D>5$）时，h 一般取 $1.5d$；钻斜孔或在斜面上钻孔时，h 尽量取小一些。

3.4 夹具装置的设计

3.4.1 分度装置

在一道工序内，每当加工一个表面后，使工件连同夹具一同转动一个角度（回转式分度）或移动一定距离（直线移动式分度）的装置被称为分度装置。表 3-15 所示为几种常见的回转式分度装置，表 3-16 所示为分度销及其操纵机构。为了防止分度装置在工作中因受切削力或力矩的作用而发生位置变化或变形，影响分度精度，一般均设有分度盘的锁紧机构。表 3-17 所示为常见分度盘的锁紧机构。

表 3-15 几种常见的回转式分度装置

类型	分度销结构	简图	结构特点及使用说明
轴向分度	球头销（钢球分度销）	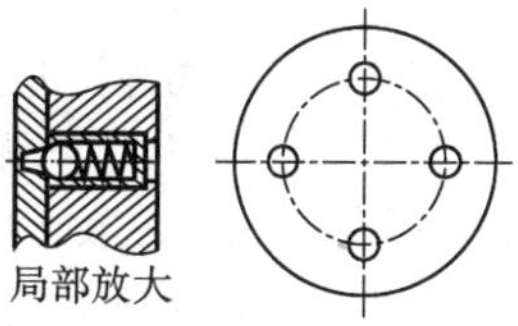 局部放大	结构简单、操作方便。锥坑的深度不大于钢球的半径，因此定位不十分可靠，主要用于荷载小、分度精度要求不高的切削加工，也用于精密分度的预定位
	圆柱分度销	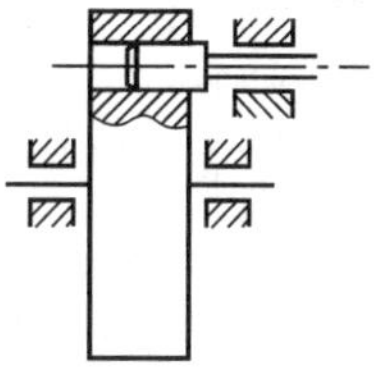	结构简单、制造容易，分度副中的污物不直接影响分度副的接触，分度副的配合间隙无法得到补偿，因此对分度精度影响较大，一般采用 H7/g6 的配合，采用耐磨衬套作为分度盘上的分度孔
	圆锥分度销	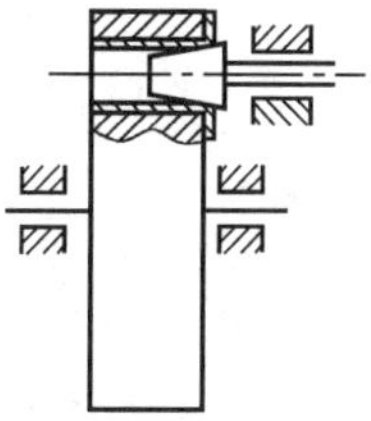	圆锥销与分度孔配合时能消除两者的配合间隙，分度副间的污物直接影响分度精度，制造难度也较大
径向分度	单斜面分度销	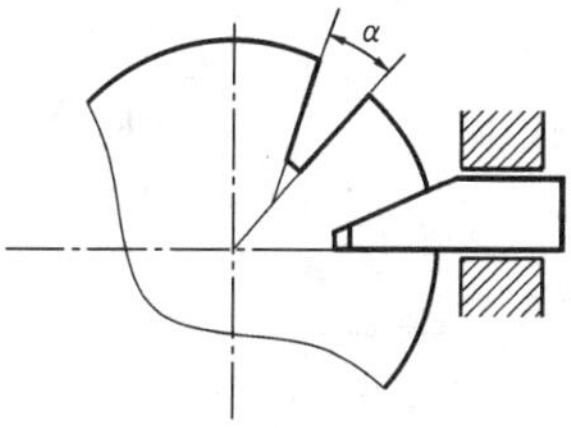 α	分度的角度误差始终在斜面一侧。分度时，盘上分度槽的直边总是与分度销的直边接触，因此分度精度较高。多用于分度精度要求较高的分度装置
	双斜面分度销	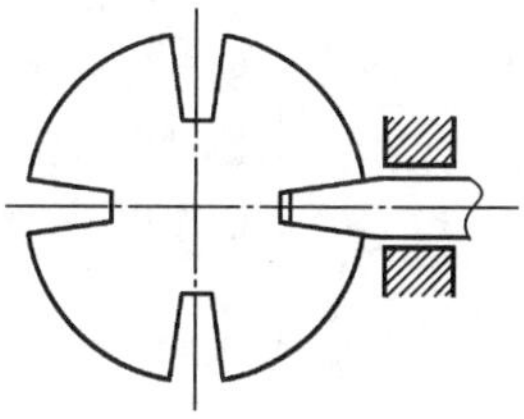	特点同上，在结构上需要考虑必要的防止污物进入分度副间的防护装置
	斜楔正多面体分度	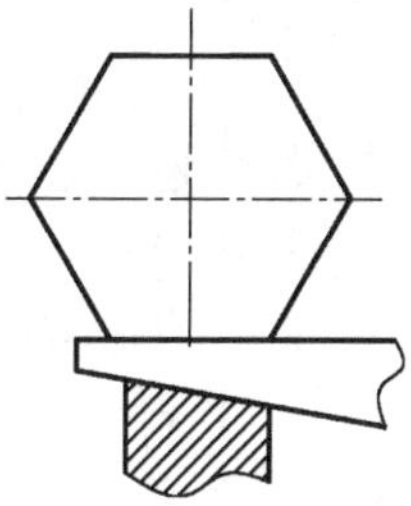	结构简单、制造容易。分度精度不高，分度数目不能过多

表 3-16 分度销及其操纵机构

机构形式	简图	机构原理说明
手拉式	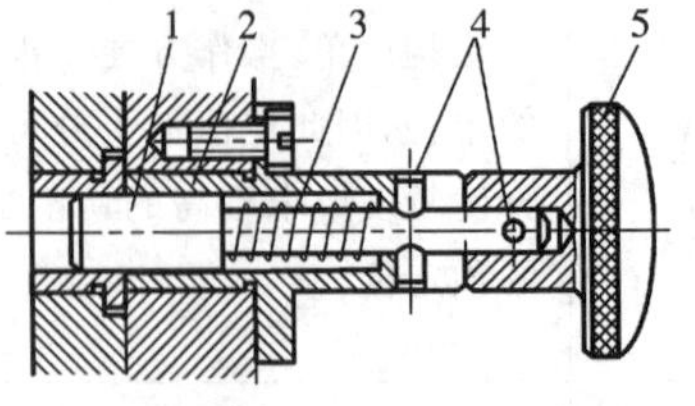 1—分度销；2—导套；3—弹簧；4—横销；5—手柄	向外拉出手柄 5 时，分度销 1 从衬套中退出。导套 2 的右端有一狭槽，使横销 4 从狭槽中移出。旋转手柄 90°，横销在弹簧 3 的作用下搁在导套的顶端平面上，此时即可转动分度盘进行分度
枪栓式	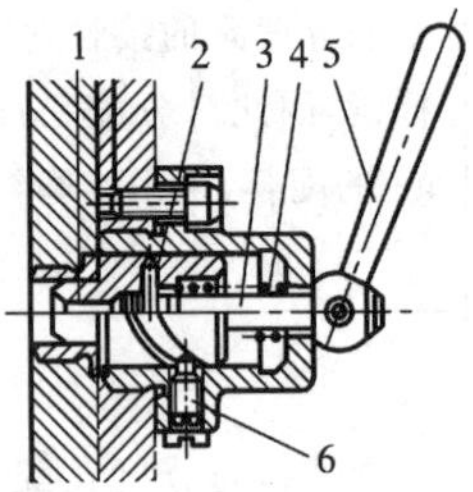 1—分度销；2—销；3—轴；4—弹簧；5—手柄；6—螺钉	转动手柄 5，使轴 3 带动分度销 1 一起回转，同时在螺旋槽的作用下产生直线运动，实现分度功能。完成分度后，重新反向转动手柄，分度销在弹簧 4 的作用下沿曲线槽重新插入分度孔内
齿条式	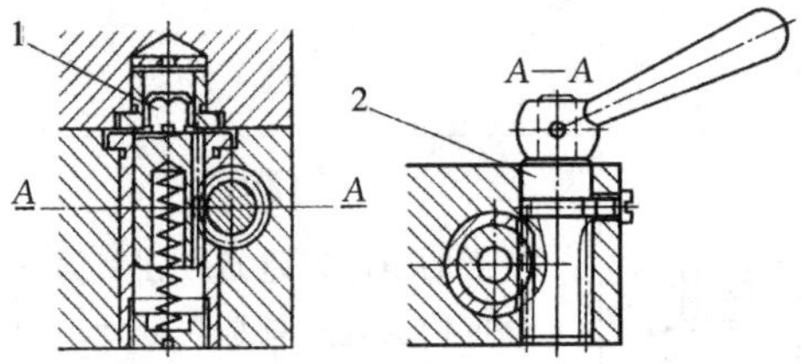 A—A 1—分度销；2—手柄转轴	分度销 1 的后部有齿条，与手柄转轴 2 上的齿轮啮合。当转动手柄时，分度销可以产生直线运动，从分度孔中退出。完成分度后，松开手柄，在弹簧力的作用下分度销重新插入分度孔内
杠杆式	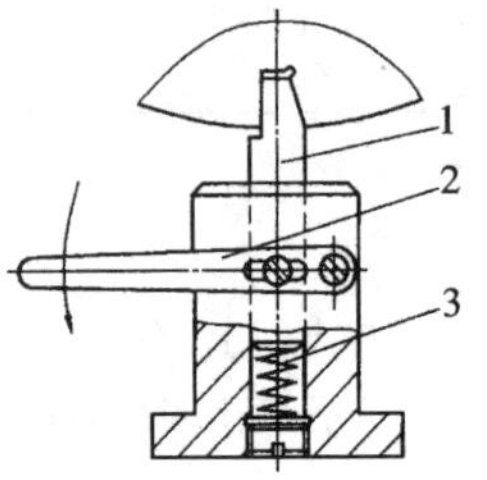 1—分度销；2—手柄；3—弹簧	分度销 1 在弹簧力的作用下，嵌入分度盘的分度槽中。压下手柄 2 可使分度销退出。完成分度后，分度销在弹簧力的作用下，重新插入分度槽内
偏心式	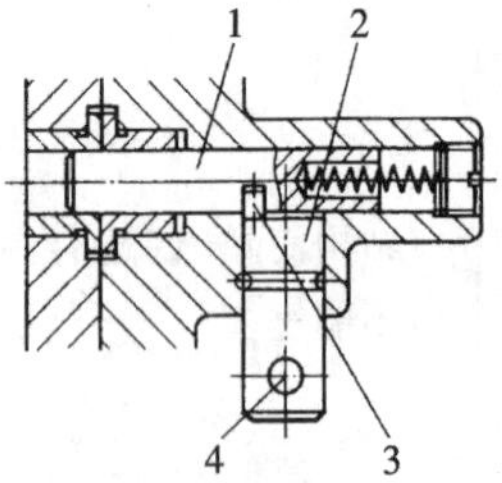 1—分度销；2—转轴；3—拨销；4—横销	分度销 1 上有一个横槽，拨销 3 偏心地安装在转轴 2 上。当转轴 2 回转约 90°时，分度销 1 就可以从分度孔中退出。完成分度后，反向回转，分度销 1 将重新插入分度孔内

表 3-17 常见分度盘的锁紧机构

锁紧方式	锁紧机构	机构简图	简要说明
轴向锁紧(将分度盘压紧在支承座上)	斜面		转动螺栓,压下楔块,锁紧分度盘
			通过带斜面的T形压紧螺钉,将分度盘压紧在支承座上
	压板		转动手柄使压板压紧在分度盘边缘端面上,锁紧分度盘
		1—手柄;2—钩爪;3—分度销;4、5—压板	顺时针转动手柄1,由钩爪2先将分度销3压下,同时将两边的压板4、5松开,当分度后,反转手柄1,分度销被弹簧推入分度孔,压板4、5将分度盘沿斜面锁紧
	偏心轮		转动手柄,通过偏心轮将分度盘锁紧在支承座上
径向锁紧(将分度盘的回转轴抱紧)	切向套		转动手柄,螺杆与套筒相对移动,沿回转轴切向抱紧
			转动螺栓,推动套筒,将回转轴切向锁紧

3.4.2 夹具与机床的连接方式

夹具通常通过定位键或定向键与机床的工作台 T 形槽连接，或者通过安装柄、过渡盘与机床主轴连接。铣床夹具使用的定位键和定向键的结构和尺寸已经标准化，定位键按表 3-18 和表 3-19 选用，定向键按表 3-20 选用，钻夹具、镗夹具亦可参考这三个表。车床夹具的过渡盘可参考标准《机床夹具零件及部件 三爪卡盘用过渡盘》(JB/T 10126.1—1999)设计，安装柄则根据车床主轴的内锥型号，参考标准《固定顶尖》(GB/T 9204—2008)中的结构和参数设计。

表 3-18 夹具定位键的结构、参数及简要说明*

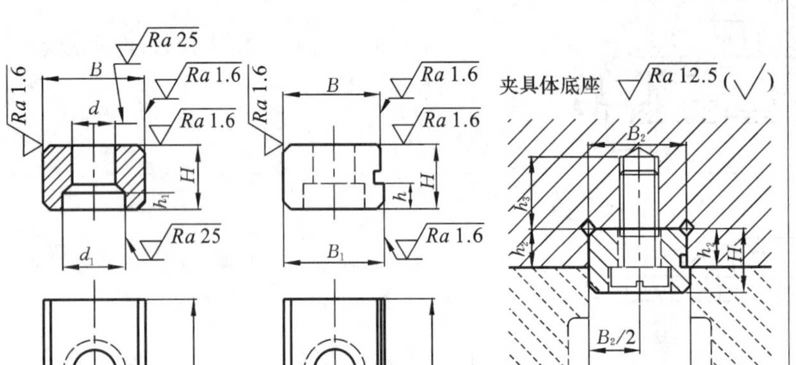

技术条件
(1) 材料：45 钢，按 GB/T 699—2015 规定。
(2)热处理：40～45 HRC。
(3) 其他技术条件按 JB/T 8044—1999 的规定。
标记示例：
B=18，公差带为 h6 的 A 型定位键标记为
定位键 A18h6
JB/T 8016—1999
注：尺寸 B_1 留余量 0.5 mm，按机床的 T 形槽宽度配磨，公差带为 h6 或 h8

B			B_1	L	H	h	h_1	d	d_1	d_2	相配件						
基本尺寸	极限偏差 h6	极限偏差 h8									T 形槽宽度 b	B_2 基本尺寸	B_2 极限偏差 H7	B_2 极限偏差 Js6	h_2	h_3	螺钉 GB/T 65—2016
8	0	0	8	14	8	3	3.4	3.4	6		8	8	+0.015	±0.0045	4	8	M3×10
10	−0.009	−0.022	10	16			4.6	4.5	8		10	10	0				M4×10
12			12	20			5.7	5.5	10		12	12	+0.018	±0.0056		10	M5×12
14	0	0	14								14	14					
16	−0.011	−0.027	16	25	10	4	6.8	6.6	11	—	(16)	16	0		5	13	M6×16
18			18		12	5					18	18			6		
20			20	32							(20)	20	+0.021	±0.0065			
22	0	0	22								22	22					
24	−0.013	−0.033	24	40	14	6	9	9	15		(24)	24	0		7	15	M8×20
28			28		16	7					28	28			8		
36	0	0	36	50	20	9	13	13.5	20	16	36	36	+0.025	±0.0080	10	18	M12×25
42	−0.016	−0.039	42	60	24	10					42	42	0		12		M12×30
48			48	70	28	12	17.5	17.5	26	18	48	48			14	22	M16×35
54	0 −0.019	0 −0.046	54	80	32	14					54	54	+0.030 0	±0.0095	16		M16×40

注：插图引自标准文件，表面粗糙度的表示方法按 GB/T 131—2006 更新，下同。

表 3-19 典型通用机床工作台 T 形槽尺寸与定位键选择 单位:mm

机　　床	T 形槽宽度	与 T 形槽相配定位键尺寸(长×宽×高)
铣床 X6120、XQ6125、X6130A、X6142、X5020A; 钻床 Z5125A、Z5132A、Z3132; 镗床 T740K、T740、T760、T7140	14	20×14×8
铣床 X5032、X53K、X5042;钻床 Z5140A、Z5150A	18	25×18×10 或 25×18×12
钻床 Z3025;镗床 T68、T611	22	32×22×12
钻床 Z3035B	24	40×24×14
钻床 Z3040	28	40×28×16

注:① 未特别注明的机床 T 形槽遵循《机床工作台 T 形槽和相应螺栓》(GB/T 158—1996),有配合要求的基准槽的宽度的公差带为 H8,无配合要求的基准槽和固定槽的为 H12。

② T 形槽尽量对称排列,以中央槽为基准 T 形槽,当槽数为偶数时基准 T 形槽在机床工作台上标明。

表 3-20 夹具定向键的结构、参数及简要说明

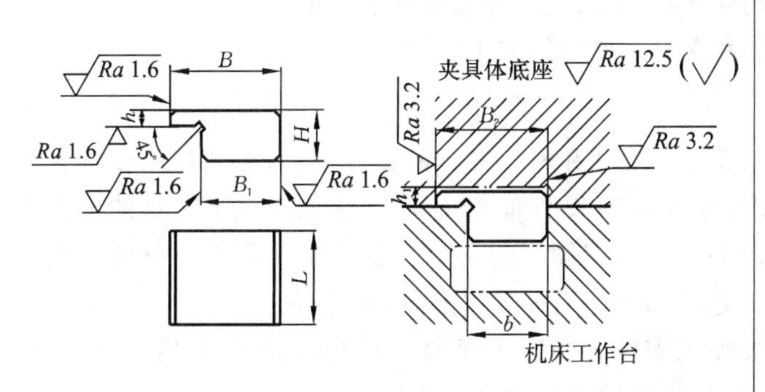

技术条件

(1)材料:45 钢,按 GB/T 699—2015 规定。

(2)热处理:40～45HRC。

(3)其他技术条件按 JB/T 8044—1999 的规定。

标记示例:

B=24 mm,B_1=18 mm,公差带为 h6 的 A 型定向键标记为

定向键 24×18h6　JB/T 8017—1999

注:尺寸 B_1 留余量 0.5 mm,按机床的 T 形槽宽度配磨,公差带为 h6 或 h8

B 基本尺寸	B 极限偏差 h6	B_1	L	H	h	相配件 T 形槽宽度 b	相配件 B_2 基本尺寸	相配件 B_2 极限偏差 H7	相配件 h_1
18	0 −0.011	8	30	12	4	8	10	+0.018 0	6
		10				10			
		12				12			
		14				14			
24	0 −0.013	16	25	18	5.5	(16)	24	+0.021 0	7
		18				18			
		20				(20)			
28		22	40	22	7	22	28		9
		24				(24)			
36	0 −0.016	28				28	36	+0.025 0	
48		36	50	35	10	36	48		12
		42				42			
60	0 −0.019	48	60	50	12	48	60	+0.030 0	14
		54				54			

3.5 夹具总装配图的设计

在完成了夹具的方案设计和必要的审查，确定了夹具的各元件和装置后，就可以绘制夹具总装配图了。在绘制夹具总装配图过程中需要特别注意如下问题。

3.5.1 夹具总装图的绘制要求

1. 注意事项

(1) 按现行的国家制图标准进行绘图，按 1∶1 比例绘制，也可以根据实际情况按推荐的比例进行绘图。

(2) 夹紧机构处于夹紧的工作状态，特别是夹紧元件的夹紧点一定要作用在工件的被夹紧表面上。

(3) 要充分考虑运动零部件的运动空间，不能出现干涉或卡死的现象。

(4) 要充分考虑夹具的装配工艺性和夹具零件的结构工艺性。

2. 绘图要点

(1) 应精心布置图面。根据被加工零件的尺寸和整个夹具的设计方案，按选择的比例合理地布置装配图的各个视图的位置，要用最少的视图和剖面来准确、完整地表现出夹具的工作原理、整体结构和各个装置、元件间的装配关系。主视图要与夹具在机床上实际工作时的位置一致。还要考虑给零件标号、尺寸标注、标题栏和零件明细表留出足够的空间。

(2) 用双点画线在各视图中画出被加工零件的外形轮廓和主要表面，其中包括定位表面、夹紧表面、被加工表面。被加工表面的余量一般用网纹线画出来。

(3) 按设计的方案，依次画出定位元件、对刀引导元件、夹紧机构和其他辅助装置或元件。按具体结构和选择好的尺寸和位置进行绘制。最后根据各零部件在空间的实际分布情况，设计出夹具体，将上述零散分布的零部件连成一个具有特定功能的夹具整体。

(4) 标注总装配图的尺寸和技术条件。其中有配合的地方按照公差与配合国家标准选用配合类型并标注。

(5) 按实际设计的结果，标出组成夹具的零件、标准件标号，填写零件明细表和标题栏。

3.5.2 夹具的结构工艺性

在满足夹具使用功能的前提下，还要考虑其是否具有良好的结构工艺性。主要包括是否能方便可靠地安装(定位和夹紧)，零部件的加工、装配和维修性能，以及操作的方便可靠性等。

表 3-21 所示为几种常见夹具的工艺结构，表 3-22 所示为几种夹具排屑、防屑的工艺结构，表 3-23 所示为夹具设计中容易出现的错误，供使用者借鉴。其他的工艺性问题请参见《机械零件工艺性手册》。

表 3-21 几种常见夹具的工艺结构

夹具简图	技术要求	夹具简图	技术要求
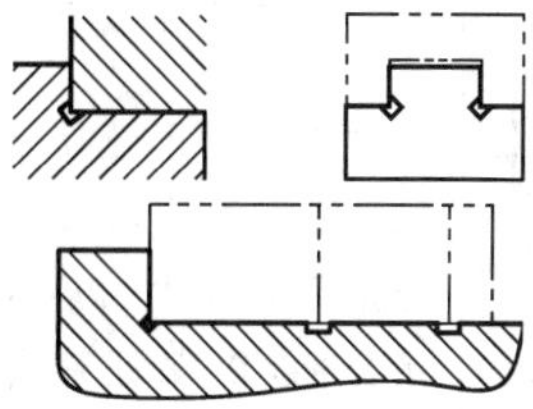	相互成直角的夹具定位表面，其夹角处及多件定位的贴合面处要设有沟槽，以便于排屑，防止切屑或工件毛刺影响定位	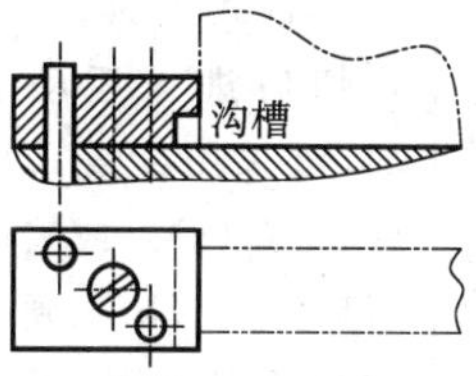 沟槽	导向定位板的下面要有沟槽，以防止切屑或工件毛刺影响定位
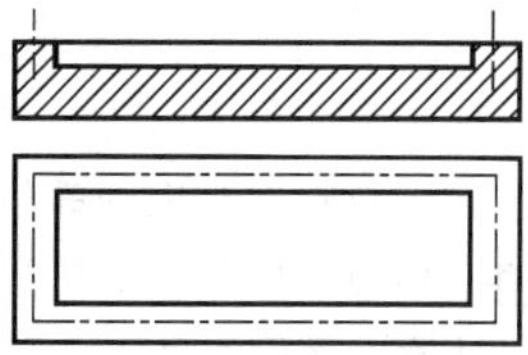	以工件较大平面定位时，定位元件的平面要有凹陷，以形成周边定位，避免工件或定位件的平面误差影响定位精度，同时便于排屑	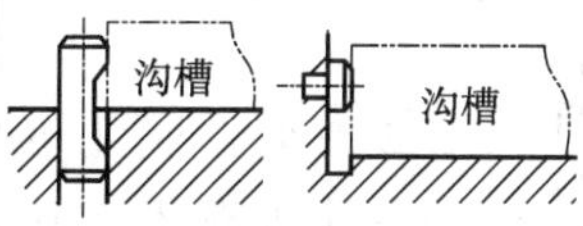 沟槽 沟槽	垂直安装止推定位销时，其定位表面处要有沟槽，以防止切屑或工件毛刺影响定位，或将定位元件水平安放，确保工件可靠定位
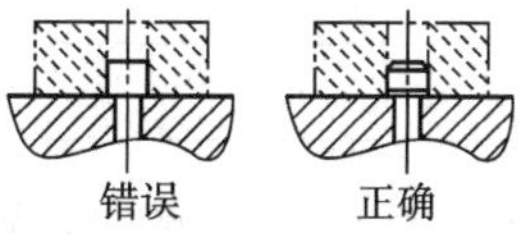 错误 正确	工件以孔定位时，定位销要有导向锥，且在定位圆柱下部要有环形槽，以防止切屑或工件毛刺影响定位	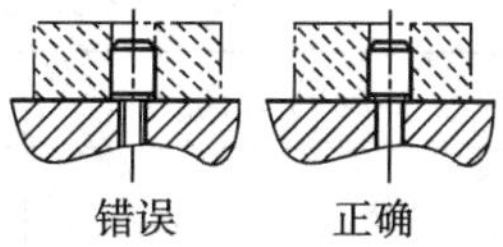 错误 正确	定位元件与夹具体要用过盈配合连接而不能用螺纹连接，以保证工件定位准确
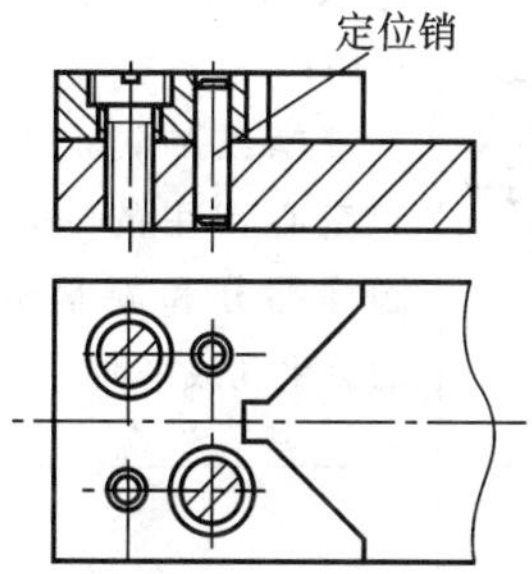 定位销	V 形块、对刀块等元件与夹具体连接时，通常是用两个圆柱销定位，再用两个螺钉紧固。定位销最好设在对角线位置，销孔要配做(钻、铰)	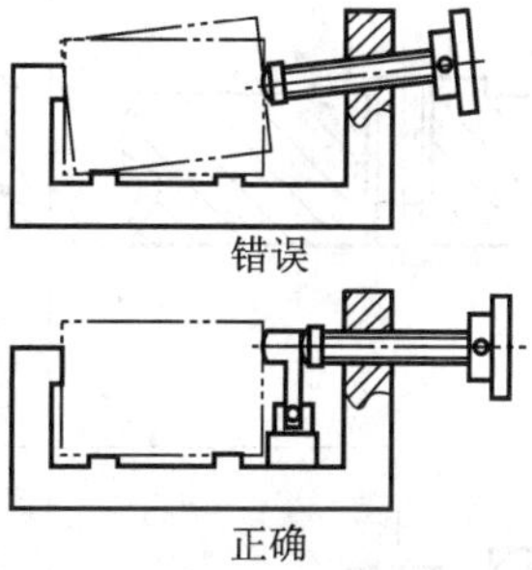 错误 正确	螺杆夹紧容易倾斜，夹紧时会抬起工件而破坏定位，故增设中间摆杆或头部用浮动压块以使定位准确

表 3-22 几种夹具的排屑、防屑的工艺结构

简图	说明	简图	说明
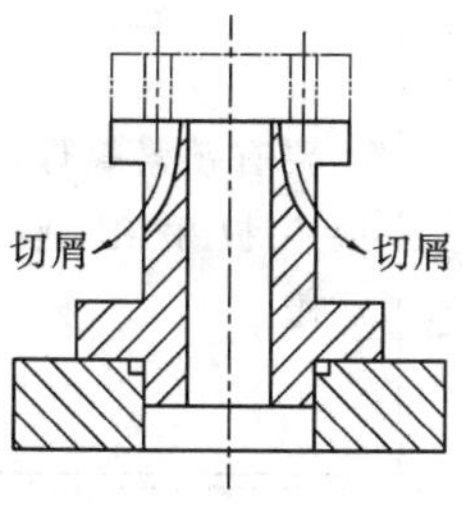 切屑 切屑	钻孔夹具设计出排屑沟槽，使切屑从沟槽排出	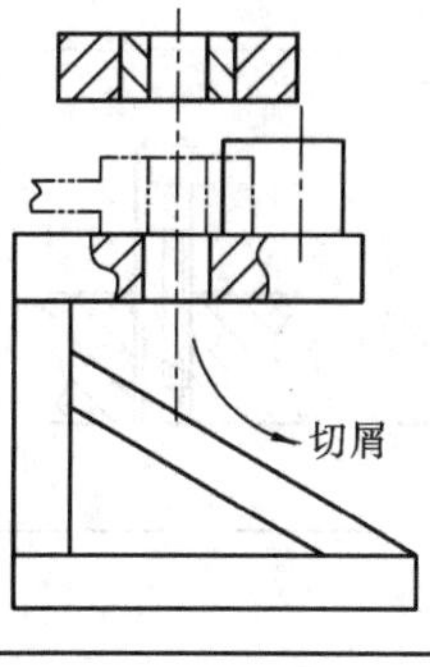 切屑	钻孔夹具设计斜板，引导切屑排出

续表

简图	说明	简图	说明
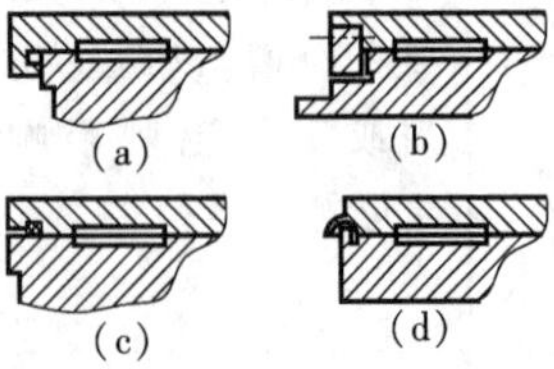 (a) (b) (c) (d)	转台式夹具，为防止切屑进入运动表面，可采用封盖式转台（见图(a)），或装防屑环（见图(b)）、硬橡胶防垢密封圈（见图(c)），或设置防屑防漏环（见图(d)）	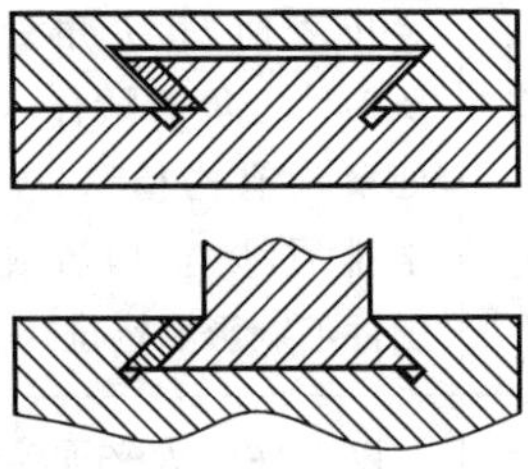	对于活动形燕尾定位元件，其结构要能防止切屑及尘垢落入接合面，以保证燕尾正常工作及精度
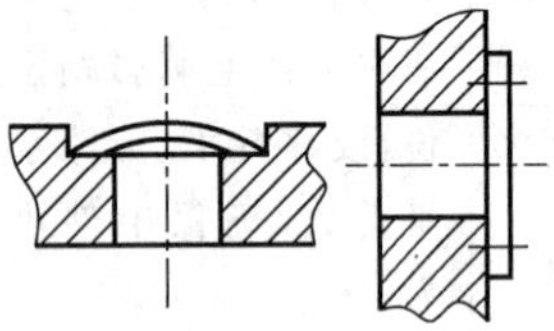	设防尘盖，防止切屑及尘垢落入夹具内部	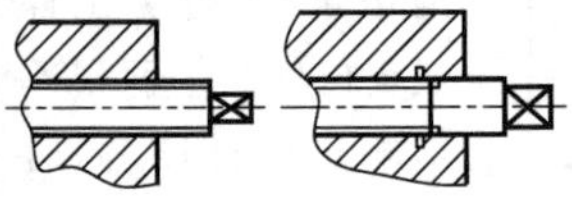	设计夹具上的螺杆时，应注意防止切屑落入螺纹配合处

表 3-23　夹具设计中容易出现的错误

项目	错误或不良的结构	正确或较好的结构	简要说明
定位销在夹具体上的定位与连接	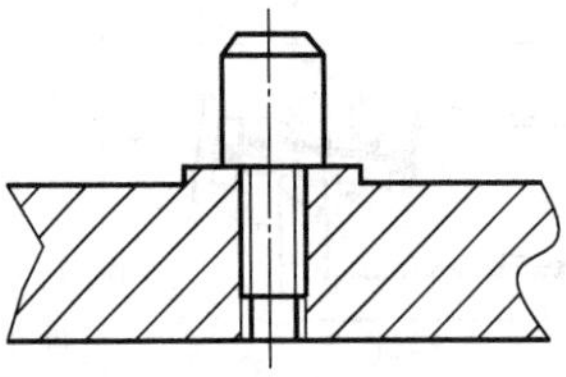	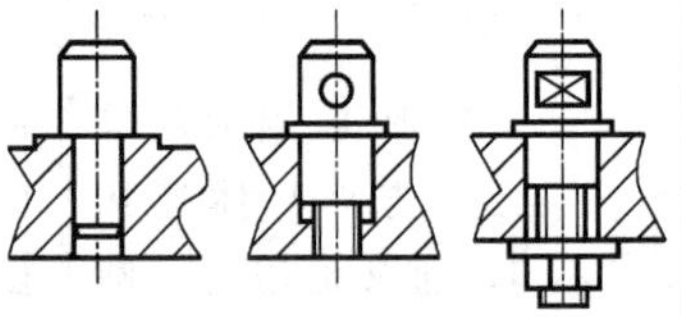	定位销本身的位置误差太大，因为螺纹起不到定心作用； 带螺纹的销应有起定心作用的一段圆柱部分和旋紧用的扳手孔或平面
螺纹连接	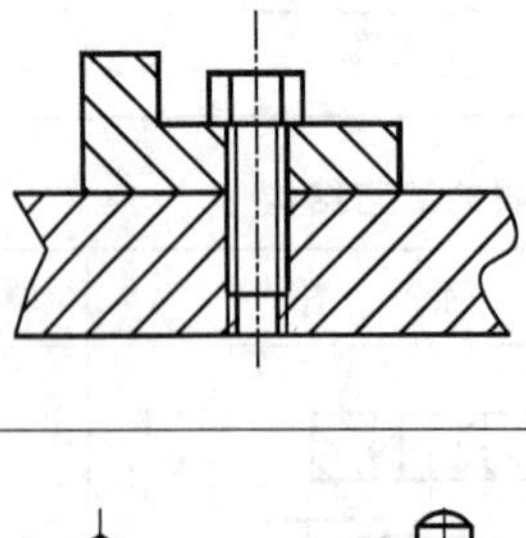	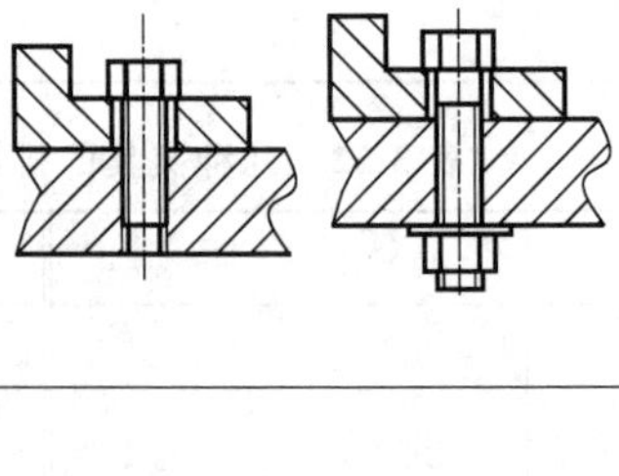	被连接件应为光孔，两者都有螺纹将无法拧紧
可调支承	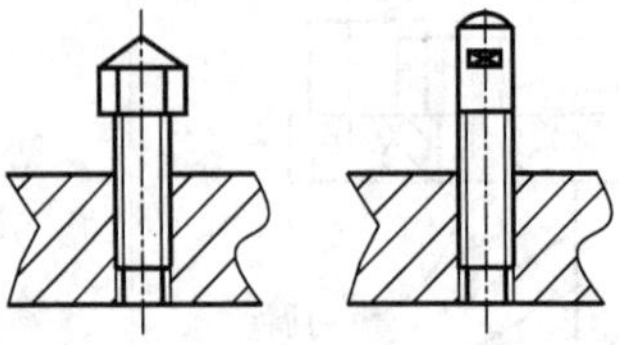	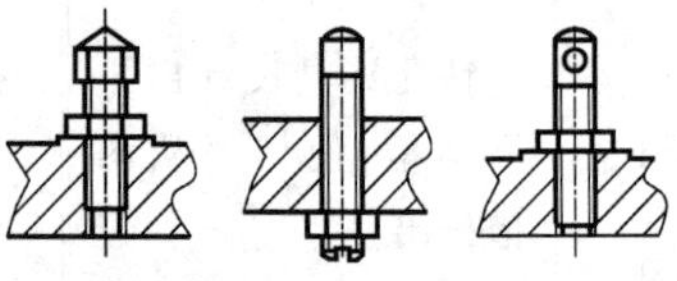	要有锁紧螺母，且应有扳手孔、平面或槽

续表

项　目	错误或不良的结构	正确或较好的结构	简 要 说 明
摆动压块	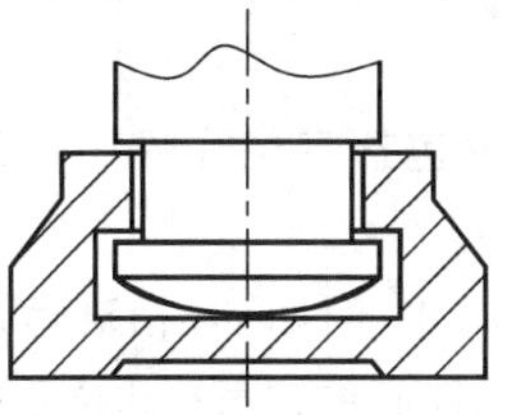	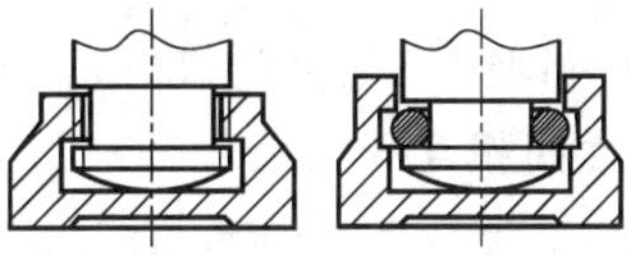	压杆应能装入，且当压杆上升时摆动压块不得脱落
加强筋的设置	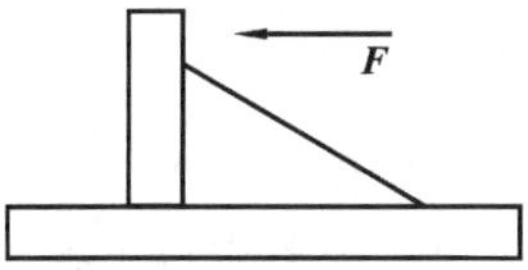	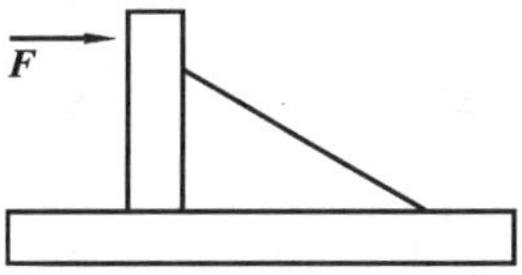	加强筋应尽量放在使之承受压应力的方向
使用球面垫圈	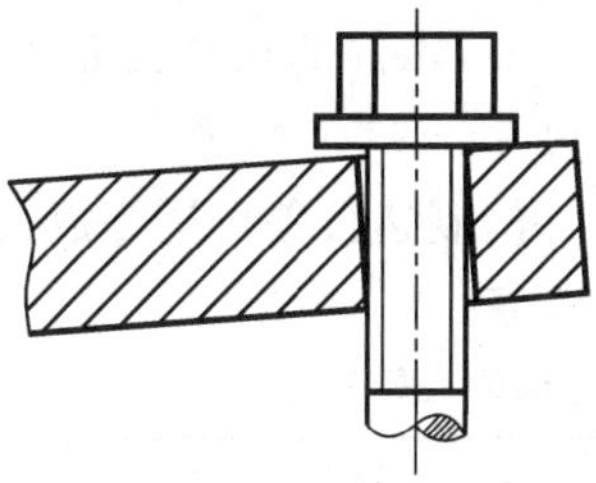	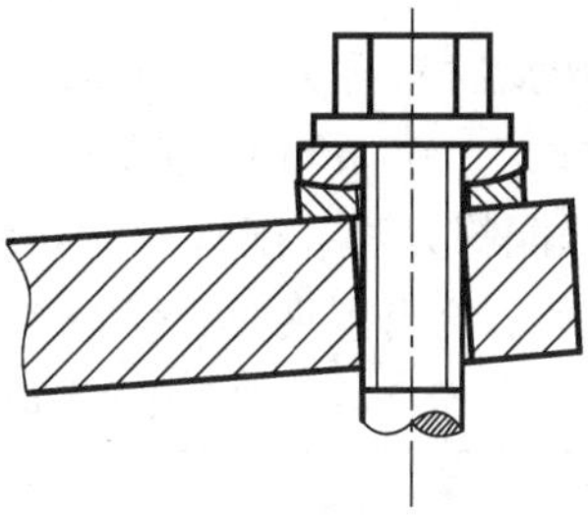	螺杆与压板有可能倾斜受力时，应采用球面垫圈，以免螺纹产生附加弯曲应力而破坏
铸造结构	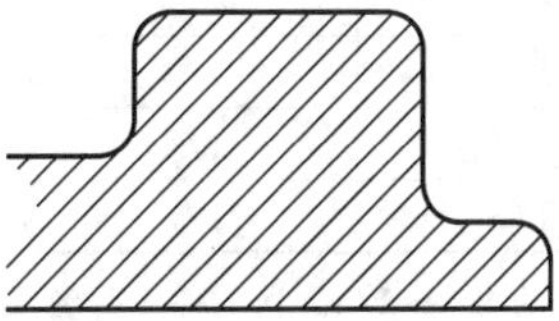	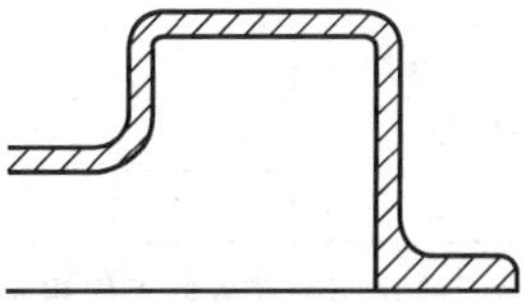	夹具体铸件应壁厚均匀
削边销安装方向			削边销长轴方向应处于两孔心连线的垂直方向上

3.5.3　夹具装配图的标注

1. 尺寸标注

在夹具的装配图上有 6 种尺寸需要进行标注。

(1) 外形轮廓尺寸，主要包括夹具的最大外形轮廓尺寸。特别注意，当夹具构成中有运动零部件时，要用双点画线标注出运动部分处于极限位置时所占空间的尺寸，表明其运动范围，以便于检查夹具与机床、刀具等相对位置有无干涉现象。

(2) 工件与定位元件间的联系尺寸，主要是工件定位基准与定位元件间的配合尺寸，如定位基准孔与定位销、心轴件的配合尺寸。这类尺寸还必须标注其配合代号。

(3) 夹具与刀具的联系尺寸，主要是对刀元件的工作表面与定位元件工件表面间的位置尺寸和配合代号。一般情况下，只需要标注出一个钻套或镗套与定位元件间的位置尺寸，多个钻套或镗套间的尺寸要根据零件的加工要求逐一标注。

(4) 夹具与机床连接部分的尺寸，主要是确定夹具在机床上正确位置的连接部分的尺寸。例如：铣、刨夹具要标注定位键与机床工作台上T形槽的配合尺寸，车床、内圆磨床和外圆磨床夹具与机床主轴前端的连接尺寸等。

(5) 夹具各组成元件间的相互位置和相关尺寸，主要包括定位元件、对刀引导元件、导向元件、分度装置及安装基面间相互间的尺寸公差和几何公差。

(6) 其他装配尺寸，主要是夹具内部元件间的配合尺寸，例如：有相对运动或固定元件间的配合尺寸；元件间装配后需要保持的相关尺寸，如定位元件间的尺寸、引导元件间的尺寸。

2. 公差与配合标注

按如下原则确定夹具公差。

(1) 保证夹具的定位、制造和调整误差的总和不超过工序公差的1/3。

(2) 在不增加夹具制造难度的前提下，尽可能地将夹具的公差定得小些。

(3) 夹具中与工件尺寸有关的尺寸公差，无论工件的尺寸公差是否为双向对称的，在标注夹具相应尺寸时，都要按双向对称分布的形式标注。例如，工件的尺寸公差为$50^{+0.1}_{0}$ mm，应改写成$50.05^{+0.05}_{-0.05}$ mm，并以50.05 mm作为夹具的基本尺寸。

(4) 当采用调整、修配等方法装配夹具时，夹具零件的制造公差可适当放大。

表3-24至表3-30所示给出了夹具尺寸公差的参考值。

表3-24　按工件公差的比例选取的夹具公差　　单位：mm

夹具类型	工件工序尺寸公差				
	0.03～0.10	0.10～0.20	0.20～0.30	0.30～0.50	未标注公差
车床夹具	1/4	1/4	1/5	1/5	≤±0.1
钻、铣夹具	1/3	1/3	1/4	1/4	≤±0.1
镗、拉、磨等夹具	1/2	1/2	1/3	1/3	≤±0.1

注：夹具各组成元件工作表面间的几何要求可取工件相应几何公差的1/2～1/3。当工件无明确要求时，夹具元件的几何形状精度可取0.03～0.05 mm，相互位置精度取(0.02～0.05)mm/100 mm。

表3-25　按工件公差选取的夹具相应尺寸公差　　单位：mm

工件加工尺寸公差	夹具相应尺寸公差	工件加工尺寸公差	夹具相应尺寸公差	工件加工尺寸公差	夹具相应尺寸公差
0.008～0.01	0.006	0.06～0.07	0.030	0.12～0.16	0.060
0.01～0.02	0.010	0.07～0.08	0.035	0.16～0.20	0.070
0.02～0.03	0.015	0.08～0.09	0.040	⋮	⋮
0.03～0.05	0.020	0.09～0.10	0.045	0.90～1.30	0.20
0.05～0.06	0.025	0.10～0.12	0.050	1.30～1.50	0.20

表3-26　按工件的角度公差确定的夹具相应角度尺寸公差

工件角度公差	夹具角度公差	工件角度公差	夹具角度公差	工件角度公差	夹具角度公差
50″～1′30″	30″	8′～10′	4′	50′～1°	20′
1′30″～2′30″	1′	10′～15′	5′	1°～1°30′	30′
2′30″～3′30″	1′30″	15′～20′	8′	1°30′～2°	40′
3′30″～4′30″	2′	20′～25′	10′	2°～3°	1°
4′30″～6′	2′30″	25′～35′	12′	3°～4°	1°
6′～8′	3′	35′～50′	15′	4°～5°	1°

表 3-27　车床心轴夹具的制造公差(偏差)　单位:mm

工件的基本直径	刚性心轴		弹性胀开式心轴		工件的基本直径	刚性心轴		弹性胀开式心轴	
	精加工	一般加工	精加工	一般加工		精加工	一般加工	精加工	一般加工
0～10	−0.005 −0.015	−0.023 −0.045	−0.013 −0.027	−0.035 −0.060	80～120	−0.015 −0.038	−0.080 −0.125	−0.040 −0.075	−0.120 −0.175
10～18	−0.006 −0.018	−0.030 −0.055	−0.016 −0.033	−0.045 −0.075	120～180	−0.018 −0.045	−0.100 −0.155	−0.050 −0.090	−0.150 −0.210
18～30	−0.008 −0.022	−0.040 −0.075	−0.020 −0.040	−0.060 −0.085	180～250	−0.022 −0.052	−0.120 −0.180	−0.060 −0.105	−0.180 −0.250
30～50	−0.010 −0.027	−0.050 −0.085	−0.025 −0.050	−0.075 −0.115	250～360	−0.025 −0.060	−0.140 −0.210	−0.070 −0.125	−0.210 −0.290
50～80	−0.012 −0.032	−0.060 −0.10	−0.030 −0.060	−0.095 −0.145	360～500	−0.030 −0.070	−0.170 −0.245	−0.080 −0.140	−0.250 −0.340

表 3-28　对刀块工作表面到定位表面的尺寸精度要求　单位:mm

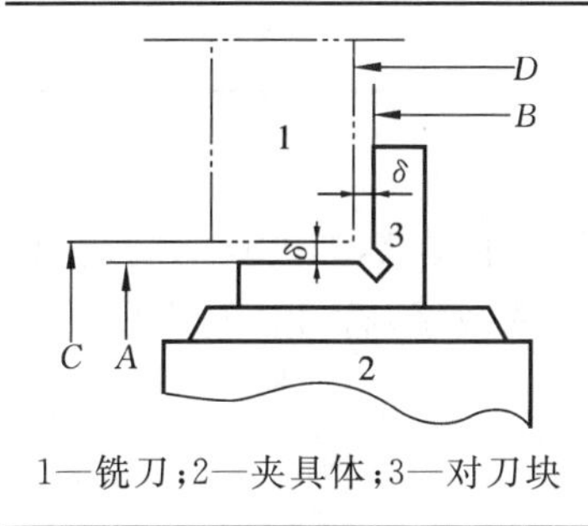

1—铣刀;2—夹具体;3—对刀块

A、*B*—对刀块工作表面到定位表面的对刀尺寸;
C、*D*—工件的对刀尺寸;δ—塞尺厚度

工件加工尺寸公差	对刀块工作表面到定位表面的尺寸公差	
	平行或垂直时	不平行或不垂直时
<±0.10	±0.02	±0.015
±0.1～0.25	±0.05	±0.035
>±0.25	±0.10	±0.080

表 3-29　与钻套相关的制造精度的确定

钻套的公差配合

钻套名称	加工方法及配合部位	配合种类及公差等级	备注
衬套	外径与钻模板	H7/r6、H7/n6、H6/n5	
	内径	F7、F6	
固定钻套	外径与钻模板	H7/r6、H7/n6	
	内径	G7、F8	①

钻套名称	加工方法及配合部位		配合种类及公差等级	备注
可换钻套、快换钻套	外径与衬套		H7/m6、H7/k6	
	钻孔及扩孔	刀具切削部分导向	F7/h6、G7/h6	①
		刀柄或刀杆导向	H7/f6、H7/g6	
	粗铰孔	外径与衬套	H7/m6、H7/k6	
		内径	G7/h6、H7/h6	①
	精铰孔	外径与衬套	H7/m6、H7/k6	
		内径	G6/h5、H6/h5	①

与钻套中心相关的尺寸公差要求/mm

工件孔中心距或孔中心到定位基准的公差	工件孔中心距或孔中心到定位基准的公差		钻套中心线对夹具安装基面的相互位置精度要求	
	平行或垂直时	不平行或不垂直时	被加工孔对定位基准面的平行度或垂直度公差要求	钻套中心线对夹具安装基准面的平行度或垂直度公差要求
±0.05～±0.10	±0.005～±0.02	±0.005～±0.015	0.05～0.10	0.01～0.02
±0.10～±0.25	±0.02～±0.05	±0.015～±0.035	0.10～0.25	0.02～0.05
±0.25 以上	±0.05～±0.10	±0.035～±0.080	0.25 以上	0.05

注:① 基本尺寸为刀具的最大尺寸。

表 3-30 机床夹具常用配合种类和公差等级

配合件的工作形式		精度要求		示例
		一般精度	较高精度	
定位元件与工件定位基面的配合		$\frac{H7}{h6}$、$\frac{H7}{g6}$、$\frac{H7}{f7}$	$\frac{H6}{h5}$、$\frac{H6}{g5}$、$\frac{H6}{f5}$	定位销与工件定位基准孔的配合
有导向作用并有相对运动的元件间的配合		$\frac{H7}{h6}$、$\frac{H7}{g6}$、$\frac{H7}{f7}$、$\frac{H7}{h7}$、$\frac{G7}{h6}$	$\frac{H6}{h5}$、$\frac{H6}{g5}$、$\frac{H6}{f5}$、$\frac{G6}{h5}$、$\frac{F7}{h5}$	移动定位元件、刀具与导套的配合
无导向作用但有相对运动的元件间的配合		$\frac{H8}{f9}$、$\frac{H8}{d9}$	$\frac{H8}{f8}$	移动夹具底座与滑座的配合
没有相对运动的元件间的配合	无紧固件	$\frac{H7}{n6}$、$\frac{H7}{r6}$、$\frac{H7}{s6}$		固定支承钉、定位销
	有紧固件	$\frac{H7}{m6}$、$\frac{H7}{k6}$、$\frac{H7}{js6}$		

3. 其他技术要求标注

夹具装配图上除了标注尺寸和公差与配合以外，还要标注其他技术要求，如夹具的制造、装配、外观、使用、验收等方面的要求。这些技术要求不能用简明扼要的数字、符号注写在图面上时，可用文字方式注写在标题栏附近的技术要求中。

典型夹具的技术要求示例如表 3-31 至表 3-33 所示。

表 3-31 典型车床夹具的技术要求示例

夹具简图	技术要求	夹具简图	技术要求
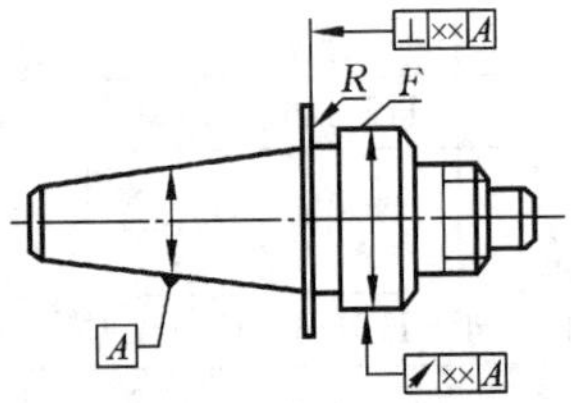	(1) 表面 F 对锥面 A 轴线的径向跳动量为××； (2) 端面 R 对锥面 A 轴线的垂直度为××	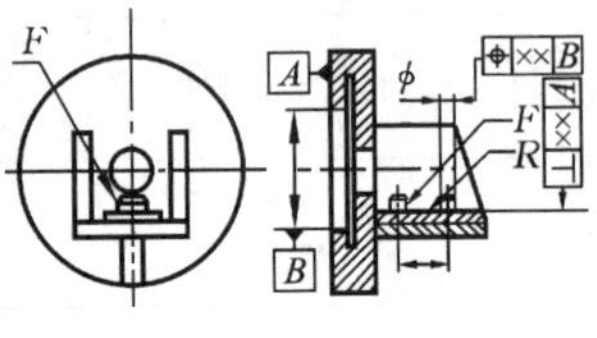	(1) 表面 F 对孔表面 B 轴线的位置度为××； (2) 表面 R 对端面 A 的垂直度为××
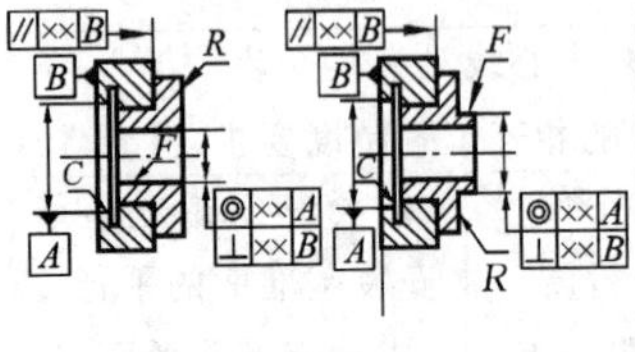	(1) 表面 F 轴线对表面 C 轴线 A 的同轴度为××； (2) 表面 F 轴线对平面 B 的垂直度为××； (3) 表面 R 对平面 B 的平行度为××	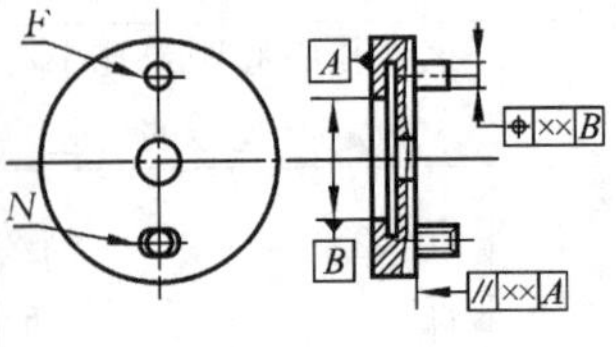	(1) 通过表面 F 和表面 N 轴线的平面对孔表面 B 轴线的位置度为××； (2) 表面 R 对端面 A 的平行度为××

表 3-32 典型铣床夹具的技术要求示例

夹具简图	技术要求	夹具简图	技术要求
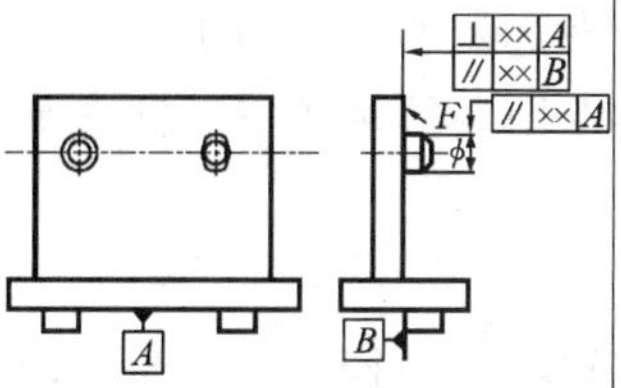	(1) 定位面 F 对底平面 A 的垂直度为××； (2) 两定位销轴线所在平面对底面 A 的平行度为××； (3) 定位面 F 对两定位键基准面 B 的平行度为××	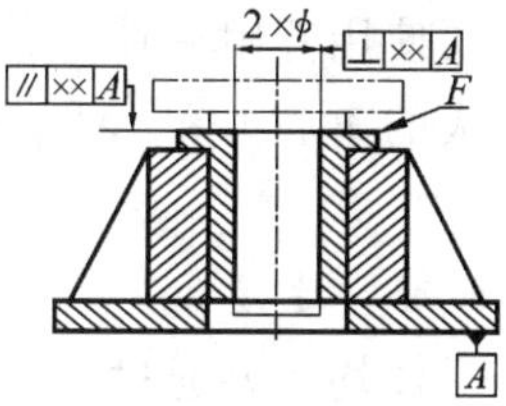	(1) 定位面 F 对底面 A 的平行度为××； (2) 定位孔的轴线对底面 A 的垂直度为××
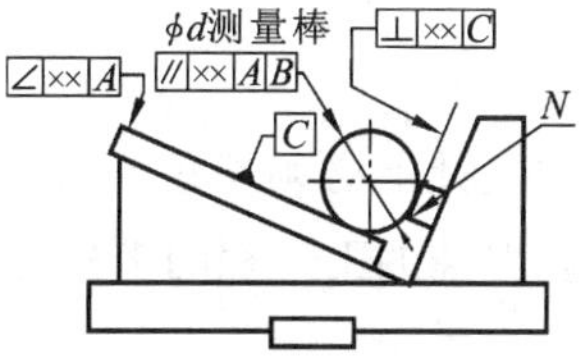	(1) 斜面 C 对底面 A 的倾斜度为××； (2) 斜面 N 对斜面 C 的垂直度为××； (3) 测量棒的轴线对底面 A、两定位键基准面 B 的平行度为××	—	—

表 3-33 典型钻床夹具的技术要求示例

夹具简图	技术要求	夹具简图	技术要求
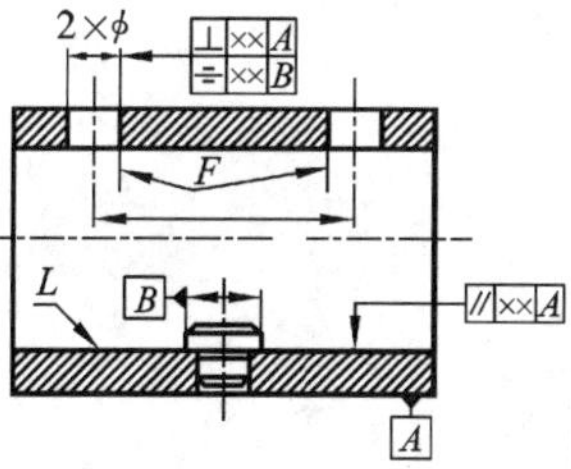	(1) 表面 F 的轴线(或钻套的轴线)对表面 A 的垂直度为××； (2) 表面 L 对底面 A 的平行度为××； (3) 通过两表面 F 轴线的平面对定位销 B 轴线的对称度为××	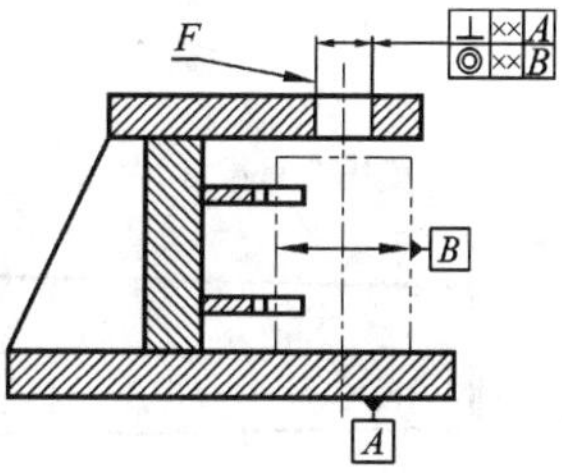	(1) 表面 F 的轴线(或钻套的轴线)对底面 A 的垂直度为××； (2) 表面 F 的轴线(或钻套的轴线)对 V 形块轴线的同轴度为××
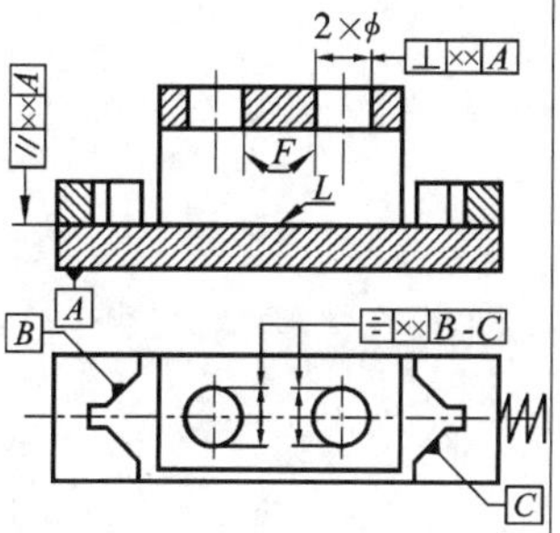	(1) 表面 F 的轴线(或钻套的轴线)对底面 A 的垂直度为××； (2) 表面 L 对底面 A 的平行度为××； (3) 通过两表面 F 轴线的平面对 V 形块的对称平面的对称度为××	—	—

3.5.4 绘制夹具零件图

对夹具中每个非标准件都要绘制其零件图。零件图上的尺寸、公差及技术条件等都要根据装配图来确定。

3.5.5 典型夹具设计简介

在车床和磨床上加工非回转体上的内孔、外圆及其端面时，往往不能使用通用的三爪卡盘或各类顶尖夹具，通常需要使用专用夹具。这类夹具的特点是工作时夹具带动工件随机床主轴一起高速回转，会产生很大的离心力和不平衡惯性力。因此设计这类专用夹具时要特别注意如下问题。

1）夹具与机床主轴的可靠连接

专用车、磨夹具的夹具体均需要通过安装柄或过渡盘与机床的回转主轴进行连接。设计时必须根据所选择机床主轴的结构来设计安装柄或过渡盘。安装柄可参考《固定顶尖》(GB/T 9204—2008)中的结构和参数设计，过渡盘可参考《机床夹具零件及部件 三爪卡盘用过渡盘》(JB/T 10126.1—1999)中的结构和参数设计。

2）工作时要保持运动的平稳性

工件的非对称性会引起夹具在工作时的动平衡问题，因此，在夹具的设计上必须考虑设计一个质量调节机构，通过调整质量块的位置，使质量中心与回转中心重合，以保证加工过程的平稳。

3）高度的可靠性

可靠性指的是各连接部分，包括零件的夹紧机构要有可靠的自锁性，以确保工作中不发生任何松动现象，避免发生安全事故。同时如果夹具在径向有突出和可能脱落的零件，一般情况下都需要加安全防护罩，以保证安全。

图 3-1 所示为加工某直角接头孔的专用车床夹具。夹具体 4 通过莫氏 5 号锥度的心轴与车床主轴连接，钩形压板 2 夹紧工件，5 为平衡块，可以调整定位元件 1 以实现工件上呈 90°分

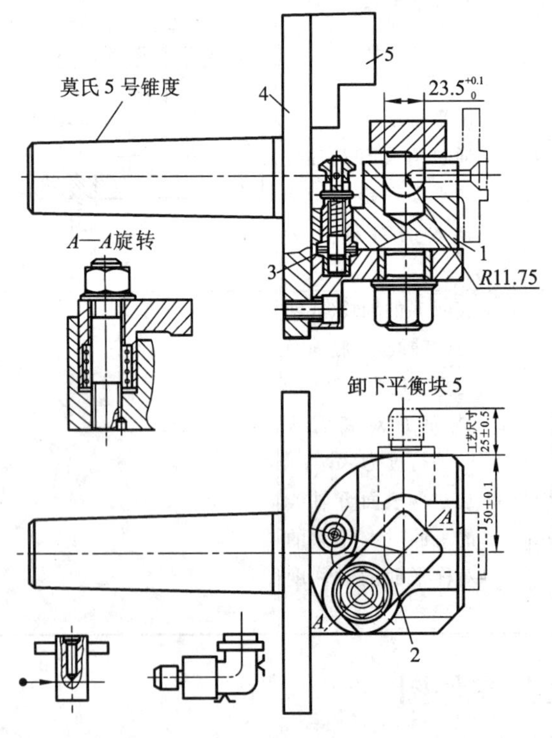

图 3-1 车床专用夹具

1—定位元件；2—钩形压板；3—分度装置；4—夹具体；5—平衡块

布的两个孔的车削加工。

图 3-2 所示为加工变量活塞内孔的磨床夹具。工件用 V 形块 1 和挡块 2 进行初定位，最后用插销 3 进行定位，用钩形压板 4 夹紧工件，5、6 为平衡块。更换不同的定位元件可以加工直径在 9.5～17 mm 的各种变量活塞的内孔。

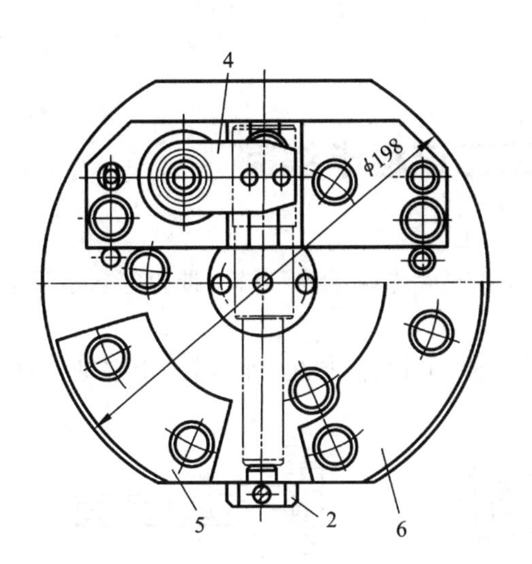

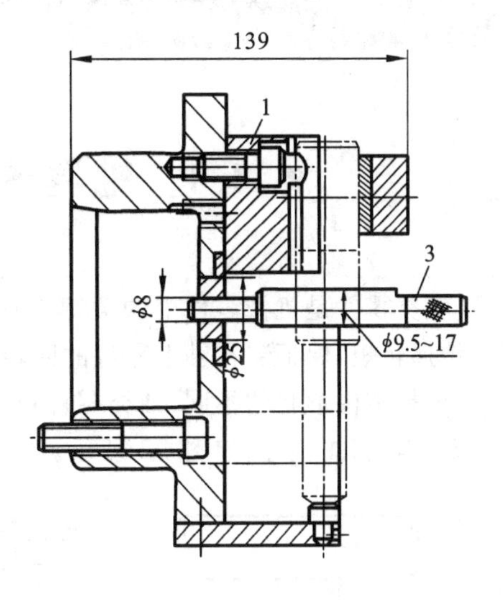

图 3-2 磨内孔专用夹具

1—V 形块；2—挡块；3—插销；4—钩形压板；5、6—平衡块

第4章 课程设计实例

4.1 轴类零件加工工艺过程卡编制

轴类零件是机械零件中的关键零件之一，主要用以支承传动零件（齿轮、带轮等），承受载荷，传递转矩，保证装在轴上零件的回转精度。

根据结构形状的不同，轴类零件可分为光轴、空心轴、半轴、阶梯轴、花键轴、十字轴、凸轮轴、偏心轴和曲轴等，如图4-1所示。

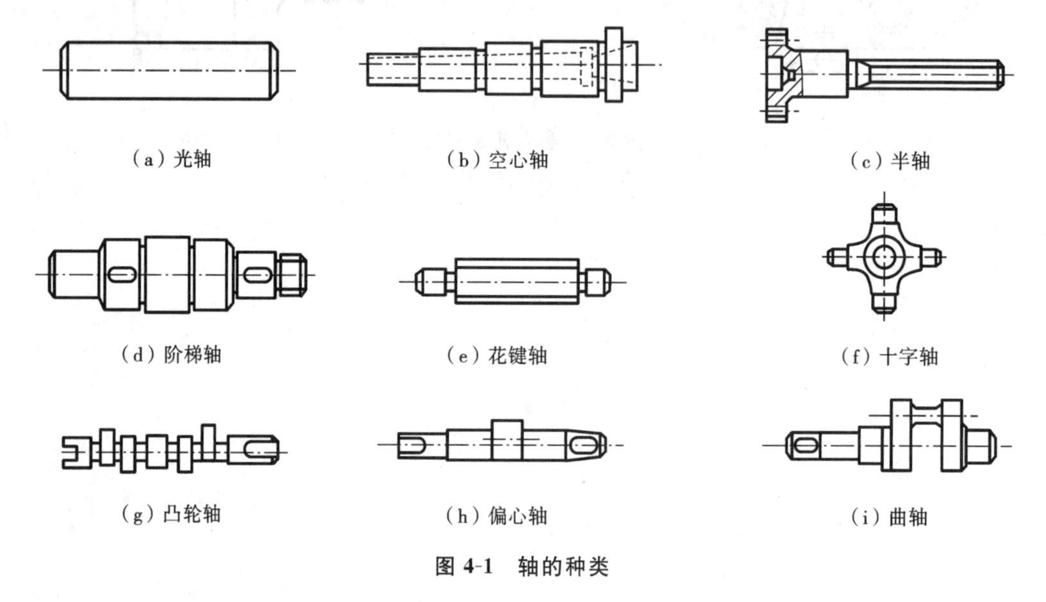

图4-1 轴的种类

根据轴的长度 L 与直径 d 之比不同，轴又可分为刚性轴（$(L/d)\leqslant 12$）和挠性轴（$(L/d)>12$）两种。其中，以刚性光轴和阶梯轴工艺性较好。

从以上结构可以看出，轴类零件一般为回转体，其长度大于直径。轴类零件的主要加工表面是内、外旋转表面，次要表面有键槽、与花键的配合表面、螺纹和横向孔等。

4.1.1 轴类零件的技术要求

1. 加工精度

（1）尺寸精度。尺寸精度包括直径尺寸精度和长度尺寸精度。精密轴颈的尺寸精度为IT5级，重要轴颈为IT6～IT8级，一般轴颈为IT9级。轴向尺寸的精度一般要求较低。

（2）相互位置精度。相互位置精度主要是指装配传动件的轴颈相对于支承轴颈的同轴度及端面相对轴心线的垂直度等。通常用径向圆跳动来标注。普通精度轴的径向圆跳动为

0.01～0.03 mm，高精度的轴径向圆跳动通常为 0.005～0.01 mm。

(3) 几何形状精度。几何形状精度主要是指轴颈的圆度、圆柱度，一般应符合包容原则（即形状误差包容在直径公差范围内）。当几何形状精度要求较高时，零件图上应单独注出规定允许的偏差。

2. 表面粗糙度

根据零件表面工作部位的不同，轴类零件的表面有相应的表面粗糙度。通常，支承轴颈的表面粗糙度 Ra 为 3.2～0.4 μm，配合轴颈的表面粗糙度 Ra 为 0.8～0.1 μm。

4.1.2 轴类零件的材料与热处理

合理选用轴类零件的材料和热处理方式，对提高轴类零件的强度和使用寿命有十分重要的意义，同时，对轴的加工过程有极大的影响。

1. 轴类零件的材料

材料的选用应满足力学性能（包括材料强度、耐磨性和耐蚀性等），同时，选择合理的热处理和表面处理方法（如喷丸、滚压、发蓝、镀铬等），以使零件获得良好的强度、刚度及所需要的表面硬度。

一般轴类零件常用中碳钢，如 45 钢，经正火、调质及部分表面淬火等热处理，得到所要求的强度、韧度和硬度。对于中等精度而转速较高的轴类零件，一般选用合金钢（如 40Cr 等），经过调质和表面淬火处理，使其具有较高的综合力学性能。对于在高转速、重载荷等条件下工作的轴类零件，可选用 20CrMnTi、20Mn2B、20Cr 等低碳合金钢，经渗碳淬火处理后，具有很高的表面硬度，心部则获得较高的强度和韧度。对于高精度和高转速的轴，可选用 38CrMoAl 钢，其热处理变形较小，经调质和表面渗氮处理，获得很高的心部强度和表面硬度，从而获得优良的耐磨性和耐疲劳性。

2. 轴类零件的毛坯

轴类零件的毛坯常采用棒料和锻件，只有某些大型、结构复杂的轴才采用铸件。由于毛坯经过加热锻造后，能使金属内部纤维组织沿表面均匀分布，从而获得较高的抗拉、抗弯及扭转强度。所以，除光轴、外圆直径相差不大的阶梯轴采用棒料外，比较重要的轴，大都采用锻件。

当生产批量较小、毛坯精度要求较低时，锻件一般采用自由锻造法生产。自由锻造法由于不用制造锻造模型，使用工具简单、通用性较大，生产准备周期短，灵活性大，所以应用较为广泛，特别适用于单件和小批生产。

当生产批量较大、毛坯精度要求较高时，锻件一般采用模锻法生产。模锻锻件尺寸准确，加工余量小，生产率高。因需配备锻模和相应的模锻设备，一次性投入费用较高，所以适用于较大批量的生产，而且生产批量越大，成本就越低。

4.1.3 轴类零件的一般加工工艺路线

1. 一般精度调质钢的轴类零件

加工工艺路线：锻造→正火或退火→钻中心孔→粗车→调质→半精车、精车→表面淬火→粗磨→加工次要表面→精磨。

2. 一般精度整体淬火的轴类零件

加工工艺路线：锻造→正火或退火→钻中心孔→粗车→调质→半精车、精车→加工次要表面→整体淬火→粗磨→精磨。

3. 一般精度渗碳钢的轴类零件

加工工艺路线：锻造→正火或退火→钻中心孔→粗车→调质→半精车、精车→渗碳（或碳氮共渗）→淬火→粗磨→加工次要表面→精磨。

4. 精密渗碳钢的轴类零件

加工工艺路线：锻造→正火或退火→钻中心孔→粗车→调质→半精车、精车→低温时效→粗磨→氮化处理→加工次要表面→精磨→光磨。

4.1.4 实例：传动轴加工工艺过程及其分析

加工图 4-2 所示的减速器传动轴，制订该轴加工工艺过程卡。其生产批量为小批生产，材料为 45 热轧圆钢，零件需调质处理，该轴为没有中心通孔的阶梯轴。根据该零件工作图，其轴颈 *M*、*N*，外圆 *P*、*Q* 及轴肩 *G*、*H*、*I* 有较高的尺寸精度和形状位置精度，并有较小的表面粗糙度值，该轴有调质热处理要求。

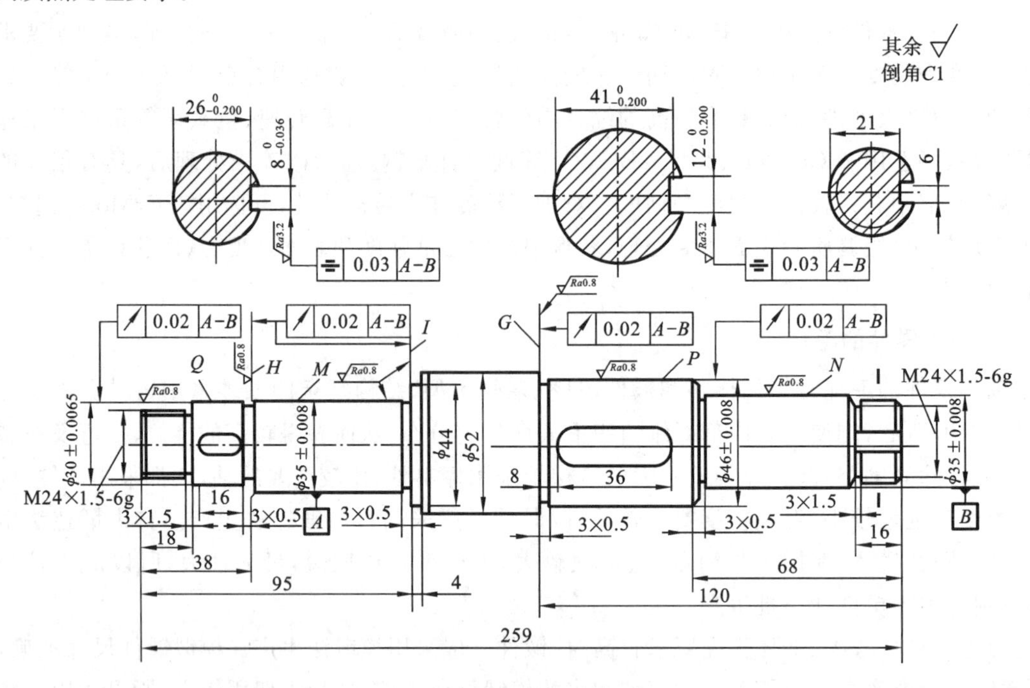

图 4-2 减速器传动轴简图

图 4-3 所示为减速器传动轴部分装配示意图。由图可知，传动轴起支承齿轮、传递扭矩的作用。两 ϕ35js6 外圆（轴颈）用于安装轴承，ϕ30 外圆及轴肩用于安装齿轮及齿轮轴向定位，采用普通平键连接，左轴端有螺纹，用于安装锁紧螺母，以轴向固定左边齿轮。

1. 确定主要表面加工方法和加工方案

传动轴大多是回转表面，主要采用车削和外圆磨削。由于该轴主要表面 *M*、*N*、*P*、*Q* 的公差等级较高（IT6），表面粗糙度值较小（*Ra* 0.8 μm），最终加工应采用磨削。其加工路线为粗车

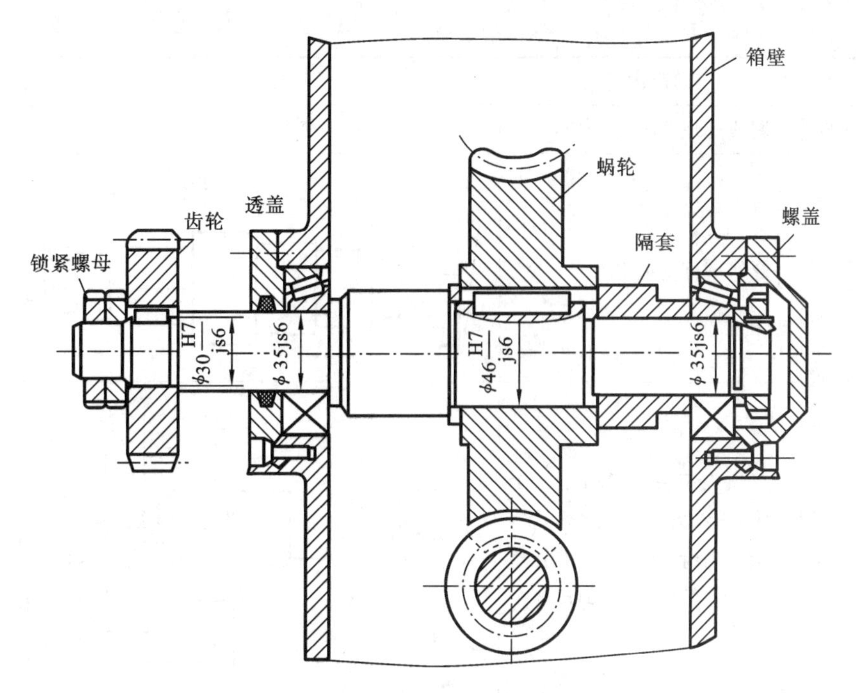

图 4-3　减速器传动轴部分装配示意图

→热处理→半精车→铣键槽→精磨。表 4-1 所示为该轴加工工艺过程。

表 4-1　传动轴加工工艺过程

工序号	工种	工序内容	加工简图	设备
1	下料	φ60×265	—	—
2	车	三爪卡盘夹持工件，车端面，钻中心孔，用尾座顶尖顶住，粗车三个台阶，直径、长度均留 2 mm 余量	Ra12.5　Ra12.5　Ra12.5　φ48　φ37　φ26　14　66　118	车床
		调头，三爪卡盘夹持工件另一端，车端面保证总长 259 mm，钻中心孔，用尾座顶尖顶住，粗车另外四个台阶，直径、长度均留 2 mm 余量	Ra12.5　Ra12.5　φ54　φ37　φ32　φ26　16　36　93　259	车床

续表

工序号	工种	工序内容	加工简图	设备
3	热处理	调质处理 24～38 HRC	—	—
4	钳	修研两端中心孔	手摆	车床
5	车	双顶尖装夹。半精车三个台阶，螺纹大径车到 $\phi24_{-0.2}^{-0.1}$，其余两个台阶直径留余量 0.5 mm，车槽 3 个，倒角 3 个	$\phi46.6_{-0.2}^{0}$ $\phi35.6_{-0.2}^{0}$ $\phi24_{-0.2}^{-0.1}$ Ra6.3 Ra6.3 3×1.5 3×0.5 3×0.5 16 68 120	车床
		调头，双顶尖装夹。半精车余下的五个台阶，$\phi44$ 及 $\phi52$ 台阶车到图样规定的尺寸，螺纹大径车到 $\phi24_{-0.2}^{-0.1}$，其余两个台阶上留 0.5 mm 余量，车槽 3 个，倒角 4 个	$\phi52$ $\phi44$ $\phi35.6_{-0.2}^{0}$ $\phi30.6_{-0.2}^{0}$ $\phi24_{-0.2}^{-0.1}$ Ra6.3 Ra6.3 3×1.5 3×0.5 3×0.5 18 38 95 99	车床
6	车	双顶尖装夹。车一端螺纹到图样规定尺寸，调头，车另一端螺纹到图样规定尺寸	M24×1.5-6g Ra3.2	车床
7	钳	划键槽和一个止动垫圈槽的加工线	—	—
8	铣	铣两个键槽和一个止动垫圈槽，键槽深度比图样规定尺寸深 0.25 mm，以之作为磨削余量		键槽铣床或立式铣床

续表

工序号	工种	工序内容	加工简图	设备
9	钳	修研两端中心孔	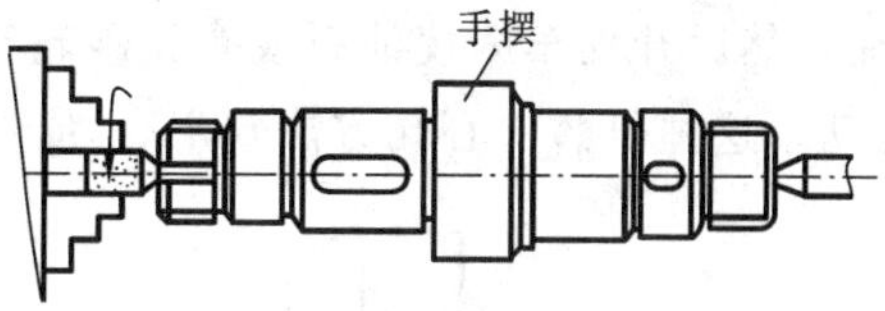 手摆	车床
10	磨	磨外圆 Q 和 M，并用砂轮端面靠磨 H 和 I，调头，磨外圆 N 和 P，靠磨台阶 G	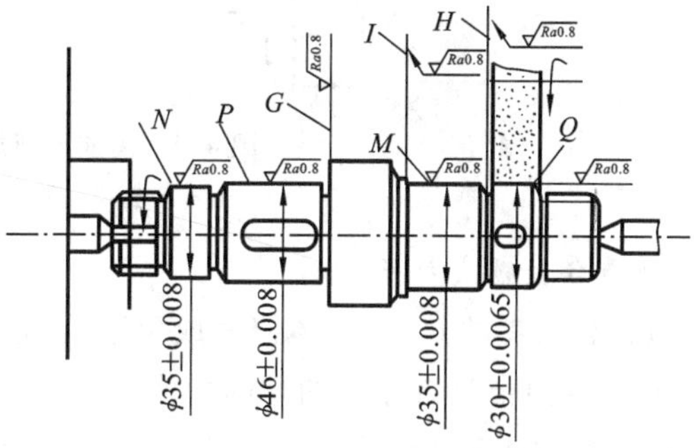 N P G I H M Q $Ra0.8$ $\phi35\pm0.008$ $\phi46\pm0.008$ $\phi35\pm0.008$ $\phi30\pm0.0065$	外圆磨床
11	检	检验	—	—

2. 划分加工阶段

该轴的加工划分为三个加工阶段，即粗车（粗车外圆、钻中心孔），半精车（半精车各处外圆、台阶和修研中心孔等），粗精磨各处外圆。各加工阶段大致以热处理为界。

3. 选择定位基准

轴类零件的定位基准最常用的是两中心孔。因为轴类零件各外圆表面、螺纹表面的同轴度及端面对轴线的垂直度是相互位置精度的主要项目，而这些表面的设计基准一般都是轴的中心线，采用两中心孔定位就能符合基准重合原则。而且由于多数工序都采用中心孔作为定位基面，能最大限度地加工出多个外圆和端面，这也符合基准统一原则。

4. 中心孔的应用与加工

中心孔在使用过程中，特别是精密轴类零件加工时，要注意修磨。两顶尖孔的质量好坏，对加工精度影响很大，应尽量做到两顶尖孔轴线重合、顶尖接触面积大、表面粗糙度低。否则，将会因工件与顶尖间的接触刚度变化而产生加工误差。因此，加工轴类零件时，应保持两顶尖孔的质量。

中心孔在使用过程中的磨损及热处理后产生的变形都会影响加工精度。因此，在热处理之后、精加工之前，应安排研修中心孔的工序，以消除误差。常用的修研方法如下。

1）用铸铁顶尖研修

可在车床或钻床上进行，研磨时加适量的研磨剂（由 W10～W12 氧化铝粉和机油调和而成）。用这种方法研磨的顶尖孔精度较高，但研磨时间较长，效率很低，除在个别情况下用来修整尺寸较大或精度要求特别高的顶尖孔外，一般很少采用。

2）用油石或橡胶砂轮顶尖研磨

将油石或橡胶砂轮夹在车床的卡盘上，用装在刀架上的金刚钻将它的前端修整成顶尖形状（60°圆锥体），接着将工件固定在油石或橡胶砂轮顶尖和车床后顶尖之间（见图 4-4），并加少量润滑油（柴油），然后开动车床使油石或橡胶砂轮转动，进行研磨。研磨时用手把持工件并连续而缓慢地转动。这种研磨中心孔方法效率高，质量好，也简便易行。

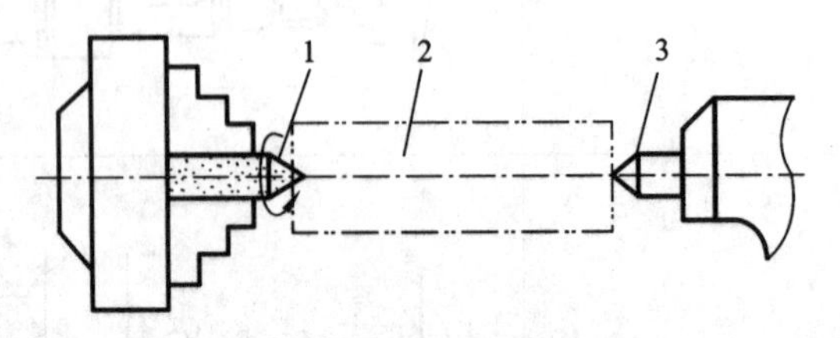

图 4-4　用油石研磨顶尖孔

1—油石顶尖；2—工件；3—后顶尖

3）用硬质合金顶尖刮研

把硬质合金顶尖的 60°圆锥体修磨成角锥的形状，使圆锥面只留下 4～6 条均匀分布的刃带（见图 4-5），这些刃带具有微小的切削性能，可对顶尖孔的几何形状作微量的修整，又可以起挤光的作用。这种方法刮研的顶尖孔精度较高，表面粗糙度值 Ra 达 0.8 μm 以下，并具有工具寿命较长、刮研效率比油石高的特点，所以一般主轴的顶尖孔可以用此法修研。

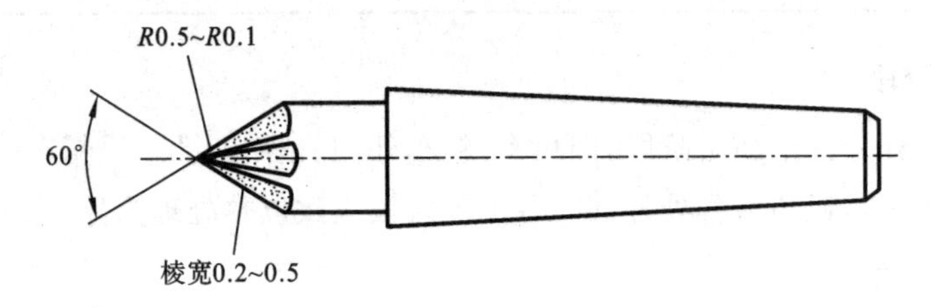

图 4-5　六棱硬质合金顶尖

上述三种修磨顶尖孔的方法可以组合应用。例如，先用硬质合金顶尖刮研，再选用油石或橡胶砂轮顶尖研磨，这样效果会更好。

5. 不能用两中心孔作为定位基面的情况

（1）粗加工外圆时，为提高工件刚度，以轴外圆表面为定位基面，或以外圆和中心孔同作定位基面，即一夹一顶。

（2）当轴为通孔零件时，在加工过程中，作为定位基面的中心孔因钻出通孔而消失。为了在通孔加工后还能用中心孔作为定位基面，工艺上常采用以下三种方法。

① 当中心通孔直径较小时，可直接在孔口倒出宽度不大于 2 mm 的 60°内锥面来代替中心孔。

② 当轴有圆柱孔时，可采用图 4-6 所示的锥堵，取 1∶500 锥度；当轴孔锥度较小时，取锥堵锥度与工件两端定位孔锥度相同。

③ 当轴通孔的锥度较大时，可采用带锥堵的心轴，简称锥堵心轴，如图 4-7 所示。使用锥堵或锥堵心轴时应注意：一般中途不得更换或拆卸，直到精加工完各处加工面，不再使用中心孔时方能拆卸。

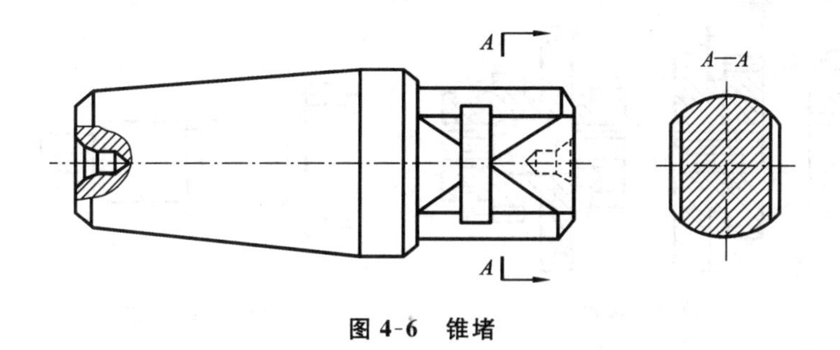

图 4-6 锥堵

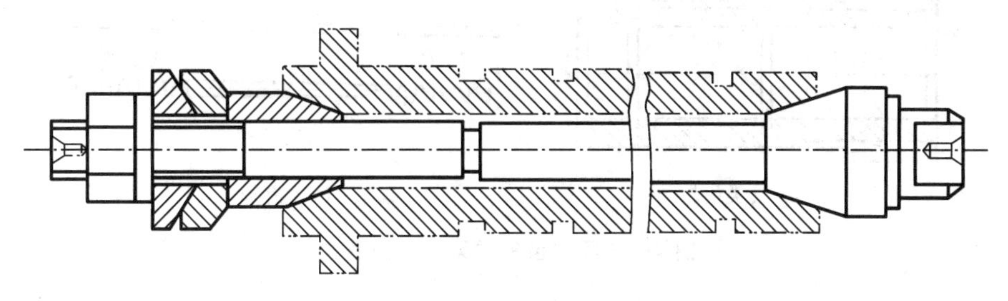

图 4-7 带有锥堵的拉杆心轴

6. 热处理工序的安排

该轴需进行调质处理，调质处理应放在粗加工后，半精加工前进行。如采用锻件毛坯，必须首先安排退火或正火处理。该轴毛坯为热轧钢，可不必进行正火处理。

7. 加工顺序安排

除了应遵循加工顺序安排的一般原则，如先粗后精、先主后次等，还应注意以下几点。

(1) 外圆表面加工顺序应为，先加工大直径外圆，然后再加工小直径外圆，以免一开始就降低了工件的刚度。

(2) 轴上的花键、键槽等表面的加工应在外圆精车或粗磨之后，精磨外圆之前。

轴上矩形花键通常采用铣削和磨削加工，产量大时常用花键滚刀在花键铣床上加工。以外径定心的花键轴通常只磨削外径，而内径铣出后不必进行磨削，但如经过淬火而使花键扭曲变形过大时，也要对侧面进行磨削加工。以内径定心的花键，其内径和键侧均需进行磨削加工。

(3) 轴上的螺纹一般有较高的精度，如安排在局部淬火之前进行加工，则淬火后产生的变形会影响螺纹的精度。因此，螺纹加工宜安排在工件局部淬火之后进行。

4.2 圆柱齿轮加工工艺过程卡编制

齿轮传动在现代机器和仪器中应用极广，其功用是按规定的速比传递运动和动力。圆柱齿轮因使用要求不同而有不同形状，但从工艺角度可将其看成由齿圈和轮体两部分构成。按照齿圈上轮齿的分布形式，齿轮可分为直齿齿轮、斜齿齿轮和人字齿齿轮等；按照轮体的结构形式特点，齿轮大致可分为盘形齿轮、轴类齿轮、套类齿轮和齿条等，如图 4-8 所示。

在各种齿轮中，以盘形齿轮应用最广。其特点是内孔多为精度要求较高的圆柱孔或花键

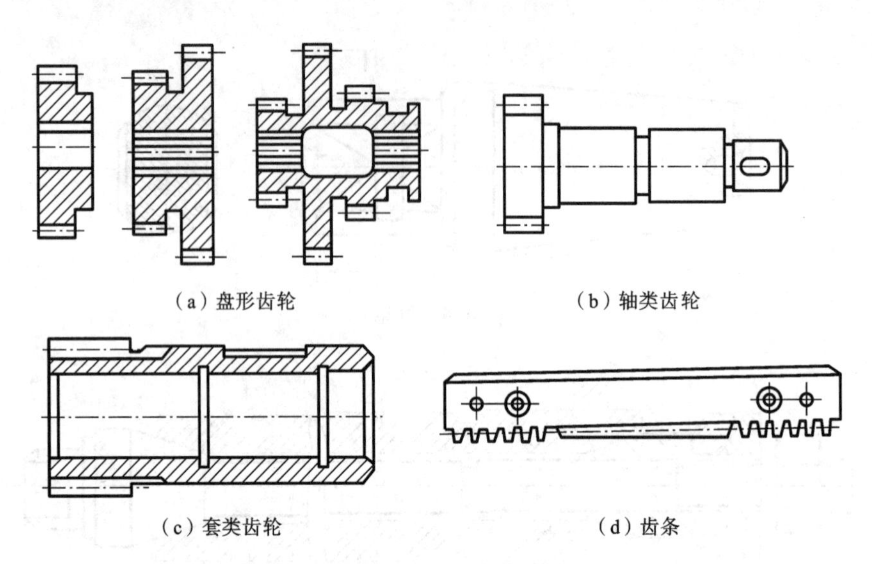

（a）盘形齿轮　（b）轴类齿轮

（c）套类齿轮　（d）齿条

图 4-8　圆柱齿轮常见的结构形式

孔，轮缘具有一个或几个齿圈。单齿圈齿轮的结构工艺性好，可采用任何一种齿形加工方法加工。对于多齿圈齿轮（多联齿轮），当各齿圈轴向尺寸较小时，除最大齿圈外，其余齿圈齿形的加工方法通常只能选择插齿。

4.2.1　圆柱齿轮的技术要求

1. 齿轮传动精度

渐开线圆柱齿轮精度标准（GB/T 10095.1—2008）对齿轮及齿轮副规定了 13 个精度等级，第 0 级精度最高，第 12 级精度最低，按照误差的特性及其对传动性能的主要影响，将齿轮的各项公差和极限偏差分成Ⅰ、Ⅱ、Ⅲ 三个公差组，分别评定运动精度、工作平稳性和接触精度。

运动精度要求能准确传递运动，传动比恒定；工作平稳性要求齿轮传递运动平稳，无冲击、振动和噪声；接触精度要求齿轮传递动力时，载荷沿齿面分布均匀。有关齿轮精度的具体规定读者可查阅国家标准。

2. 齿侧间隙

齿侧间隙是指齿轮啮合时，轮齿非工作表面之间的法向间隙。为使齿轮副正常工作，齿轮啮合时必须有一定的齿侧间隙，以便储存润滑油，补偿因温度、弹性变形所引起的尺寸变化和加工装配时的一些误差。

3. 齿坯基准面的精度

齿轮齿坯基准表面的尺寸精度和几何精度直接影响齿轮的加工精度和传动精度，齿轮在加工、检验和安装时的基准面（包括径向基准面和轴向辅助基准面）应尽量一致。对于不同精度的齿轮齿坯公差可查阅有关标准。

4. 表面粗糙度

常用精度等级的轮齿表面粗糙度与基准表面的粗糙度 Ra 的推荐值如表 4-2 所示。

表 4-2 齿轮各表面的粗糙度 Ra 的推荐值

齿轮精度等级	5	6	7	8	9
轮齿齿面/μm	0.4	0.8	0.8～1.6	1.6～3.2	3.2～6.3
齿轮基准孔/μm	0.32～0.63	0.8	0.8～1.6		3.2
齿轮轴基准轴颈/μm	0.2～0.4	0.4	0.8	1.6	
基准端面/μm	0.8～1.6	1.6～3.2		3.2	
齿顶圆/μm	1.6～3.2	3.2			

注：当三个公差组的精度等级不同时，按最高的精度等级确定。

4.2.2 齿轮的材料、毛坯和热处理

1. 齿轮的材料

齿轮应按照使用的工作条件选用合适的材料。齿轮材料的选择对齿轮的加工性能和使用寿命都有直接的影响。一般齿轮选用中碳钢（如 45 钢）和低、中碳合金钢，如 20Cr、40Cr、20CrMnTi 等，要求较高的重要齿轮可选用 38CrMoAlA 氮化钢，非传力齿轮也可以用铸铁、夹布胶木或尼龙等材料。

2. 齿轮的毛坯

齿轮的毛坯形式主要有棒料、锻件和铸件。棒料用于小尺寸、结构简单且对强度要求低的齿轮。当齿轮要求强度高、耐磨和耐冲击时，多用锻件，直径大于 400 mm 的齿轮，常用铸造毛坯。减少机械加工量的方法：对于大尺寸、低精度的齿轮，可以直接铸出轮齿；对于小尺寸、形状复杂的齿轮，可用精密铸造、压力铸造、精密锻造、粉末冶金、热轧和冷挤等新工艺制造出具有轮齿的齿坯，以提高劳动生产率、节约原材料。

3. 齿轮的热处理

齿轮加工中根据不同的目的，安排两种热处理工序。

(1) 毛坯热处理：在齿坯加工前后安排预先热处理（正火或调质），其主要目的是消除锻造及粗加工引起的残余应力，改善材料的可加工性和提高综合力学性能。

(2) 齿面热处理：齿形加工后，为提高齿面的硬度和耐磨性，常进行渗碳淬火、高频感应加热淬火、碳氮共渗和渗氮等热处理工序。

齿轮的材料种类很多，对于低速、轻载或中载的一些不重要的齿轮，常用 45 钢制作，经正火或调质处理后，可改善金相组织和可加工性，一般对齿面进行表面淬火处理。

对于速度较高，受力较大或精度较高的齿轮，常采用 20Cr、40Cr、20CrMnTi 等合金钢。其中：40Cr 晶粒细，淬火变形小；20CrMnTi 采用渗碳淬火后，齿面硬度较高，心部韧度较好，抗弯性较强。

38CrMoAl 经渗氮后，具有高的耐磨性和耐蚀性，用于制造高速齿轮。

4.2.3 齿轮的一般加工工艺路线

根据齿轮的结构特点、使用性能和工作条件，对于精度要求较高的齿轮，其加工工艺路线：备料→毛坯制造→毛坯热处理→齿坯加工→齿形加工→齿端加工→齿轮热处理→精基准修正

→齿形精加工→终检。

4.2.4 实例:齿轮加工工艺过程及其分析

1. 齿轮加工工艺过程

圆柱齿轮的加工常随着齿轮的结构形状、精度等级、生产批量及生产条件不同而采用不同的工艺方法。

图 4-9 所示为齿轮零件图,材料为 40Cr,精度为 6 级,齿部高频淬火,要求达到 52 HRC,小批量生产,其加工工艺过程如表 4-3 所示。

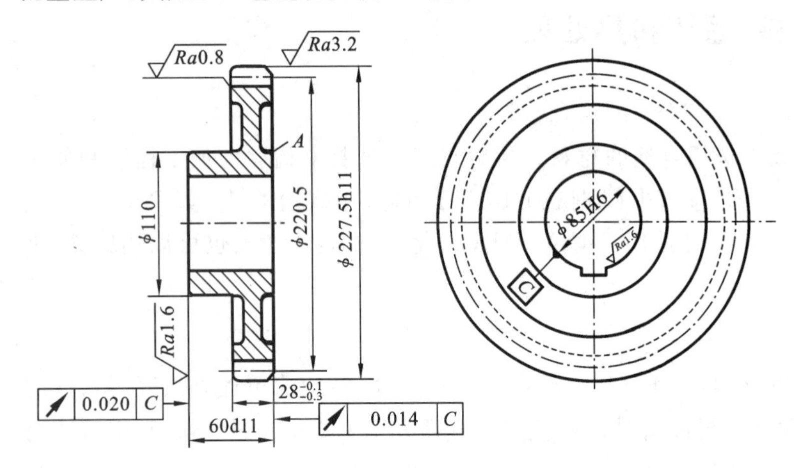

模数	m	3.5
齿数	z	63
压力角	α	20°
精度等级		6 级
基节极限偏差	F_r	±0.006
公法线长度变动公差	F_ω	0.016
跨齿数	k	8
公法线平均长度		$80.58_{-0.22}^{-0.14}$
齿向公差	F_β	0.007
齿形公差	F_f	0.007

图 4-9 齿轮零件图

表 4-3 齿轮加工工艺过程

序号	工序名称	工 序 内 容	机床	定 位 基 准
1	锻造	毛坯锻造		
2	热处理	正火		
3	粗车	粗车外圆及端面,留余量 1.5～2 mm	车床	外圆及端面
4	精车	精车各部分,内孔至 φ84.8H7,总长留加工余量 0.2 mm,其余加工至尺寸要求	车床	外圆及端面
5	检验			
6	滚齿	滚齿(z=63),齿厚留磨削加工余量 0.10～0.15 mm	滚齿机	内孔及 A 面
7	倒角	倒角		
8	钳	钳工去毛刺		
9	热处理	齿部高频淬火:硬度 52 HRC		
10	插削	插键槽	插床	内孔及 A 面
11	磨	磨内孔至 φ85H6	磨床	分度圆及 A 面
12	磨	靠磨大端 A 面	平面磨床	内孔
13	磨	平面磨削 B 面		A 面
14	磨	磨齿	Y7150	内孔及 A 面
15	检验	总检入库		

2. 齿轮加工工艺过程分析

1）定位基准的选择

为保证齿轮的加工精度，应根据基准重合原则，选择齿轮的设计基准、装配基准为定位基准，且尽可能在整个加工过程中保持基准统一。

轴类齿轮的齿形加工一般选择中心孔定位，某些大模数的轴类齿轮多选择轴颈和一端面定位。

盘类齿轮的齿形加工可采用以下两种定位基准。

（1）内孔和端面定位，符合基准重合原则。采用专用心轴，定位精度较高，生产率高，故广泛用于成批生产中。为保证内孔的尺寸精度和基准端面对内孔中心线的圆跳动要求，进行齿坯加工时应尽量在一次安装中同时加工内孔和基准端面。

（2）外圆和端面定位，不符合基准重合原则。用端面作轴向定位，并找正外圆，不需要专用心轴，生产率较低，故适用于单件小批生产。为保证齿轮的加工质量，必须严格控制齿坯外圆对内孔的径向圆跳动。

2）齿形加工方案选择

齿形加工方案选择主要取决于齿轮的精度等级、生产批量和齿轮热处理方法等。

（1）8级或8级精度以下的齿轮。其加工方案为：对于不淬硬的齿轮，用滚齿或插齿即可满足加工要求；对于淬硬齿轮，可采用滚齿（或插齿）→齿端加工→齿面热处理→修正内孔的加工方案。热处理前的齿形加工精度应比图样要求提高一级。

（2）6～7级精度的齿轮。其加工方案一般有两种：一种为剃、珩齿方案，即滚齿（或插齿）→齿端加工→剃齿→表面淬火→修正基准→珩齿；另一种为磨齿方案，即滚齿（或插齿）→齿端加工→渗碳淬火→修正基准→磨齿。剃、珩齿方案生产效率高，广泛用于7级精度齿轮的成批生产中。磨齿方案生产率低，一般用于加工6级精度以上或低于6级精度但淬火后变形较大的齿轮。

随着刀具材料的不断发展，用硬滚齿、硬插齿、硬剃齿代替磨齿，用珩齿代替剃齿，可取得很好的经济效益。例如，可采用滚齿→齿端加工→齿面热处理→修正基准→硬滚齿的方案。

（3）5级精度以上的齿轮。其加工方案一般为磨齿。

3）齿轮热处理

齿轮加工中根据不同要求，常安排以下两种热处理工序。

（1）齿坯热处理。在齿坯粗加工前后常安排预先热处理（正火或调质）。正火安排在齿坯加工前，其目的是消除锻造内应力，改善材料的加工性能。调质一般安排在齿坯粗加工之后，可消除锻造内应力和粗加工引起的残余应力，以提高材料的综合力学性能，但齿坯的硬度稍高，不易切削，故生产中应用较少。

（2）齿面热处理。齿形加工后为提高齿面的硬度及耐磨性，根据材料与技术要求，常安排渗碳、高频感应加热及液体碳氮共渗等处理工序。经渗碳的齿轮变形较大，对于高精度齿轮，还需进行磨齿加工。经高频感应加热淬火处理的齿轮变形较小，但内孔直径一般会缩小0.01～0.05 mm，淬火后应予以修正。对于有键槽的齿轮，淬火后内孔经常出现椭圆形，为此键槽加工宜安排在齿面淬火之后。

4）齿端加工

齿轮的齿端加工有倒圆、倒尖、倒棱（见图4-10）和去毛刺等。倒圆、倒尖后的齿轮沿轴向滑动时容易进入啮合。倒棱可去除齿端的锐边，这些锐边经淬火后很脆，在齿轮传动中易崩裂。

齿端加工必须安排在齿轮淬火之前，通常多在滚齿(插齿)之后。

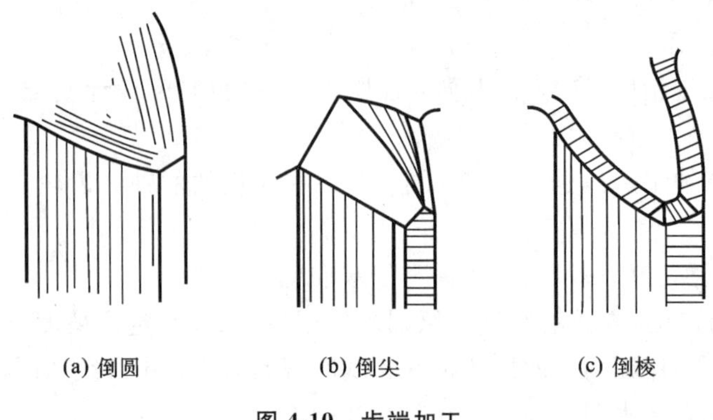

图 4-10　齿端加工

5) 精基准修正

齿轮淬火后基准孔常产生变形，为保证齿形精加工的精度，必须对基准孔进行修正。对于大径定心的花键孔齿轮，通常用花键推刀修正。对于圆柱孔齿轮，可采用推孔或磨孔修正。推孔生产率高，常用于内孔未淬硬的齿轮，可用加长推刀前引导部分来防止推刀歪斜，以保证推孔精度。磨孔精度高，但生产率低，适用于整体淬火齿轮及内孔较大、齿厚较薄的齿轮。磨孔时应以分度圆定心，这样，可使磨孔后的齿圈径向圆跳动较小，对后续磨齿或珩齿有利。实际生产中以金刚镗代替磨孔也取得了较好的效果，且提高了生产率。

4.3　手柄机械加工工艺规程及典型夹具设计

4.3.1　设计任务

1. 设计题目

设计年产量为 5000 件的手柄(见图 1-1)的机械加工工艺规程及典型夹具。

2. 设计主要内容

(1) 设计手柄零件的毛坯并绘制毛坯图。

(2) 设计手柄零件的机械加工工艺规程，并填写：

① 整个零件的机械加工工艺卡；

② 所设计夹具对应工序的机械加工工序卡。

(3) 设计某工序的夹具一套，绘出总装图。

(4) 编写设计说明书。

4.3.2　设计指导书

1. 初始设计规划

题目直接给定生产纲领为 5000 件，根据所给零件图样估算得零件质量约为 1.1 kg，从表 2-3 查得零件批量恰好处于中批和大批的分界点，由此在设计中可以综合应用中批和大批生产的毛坯制造、加工余量确定、工艺设备和工艺装备选择、工艺规程制订和夹具方案确定等的方法。

(1) 毛坯制造方法：材料是45钢，部分模锻到全部模锻均适合本设计采用。

(2) 加工余量：毛坯余量和工序余量小到中等均适合本设计采用。

(3) 工艺设备和工艺装备：“通用＋专用”结合，题目要求设计专用夹具，则设备、刀具、量具等可以考虑选用通用的类型。

(4) 工艺规程设计：适合采用工艺卡和部分重点工序的工序卡。

(5) 夹具方案：适合对关键工序使用专用夹具。

2. 分析和审查零件图样

1) 零件分析

设计对象为手柄，是手柄零件组中最主要的部分，它的主要作用是传递转矩。零件头部 ϕ38H8 mm的孔和轴配合连接，零件尾部 ϕ22H9 mm 的孔和摇柄连接起来，摇动摇柄使轴转动，宽度尺寸为10H9 mm 的槽起到夹紧摇柄的作用，ϕ4 mm 的孔为一润滑油孔。

2) 零件图样审查

根据前面提出的锻造毛坯方案，结合零件图，可以判断手柄零件除了两个大平面的凹陷处以外，所有表面都要进行加工。主要的加工表面有两个大平面、两个孔和一个槽，各表面有尺寸精度和表面粗糙度要求，大头孔 ϕ38H8 mm 和平面之间有位置精度要求，两孔的中心距有尺寸精度要求。次要加工表面是 ϕ4 mm 孔和倒角。

零件图样上已有的各项技术要求合理，且尺寸精度、表面粗糙度和位置精度属于普通精度。零件结构的锻造和切削加工工艺性均满足GB/T 24734.3—2009规定的基本要求。主要表面中，10H9 mm 槽的底部是 R5 mm 的圆弧，虽然没有结构工艺性方面的问题，但需要重点考虑加工方法和刀具的选择。

经审查，零件图需要修改的内容有：ϕ4 mm 油孔在高度方向位置不明确，应将 ϕ4 mm 油孔在全剖的主视图中表达出来；注明 ϕ4 mm 油孔和倒角的表面粗糙度要求，以表明这些表面需要通过加工获得；零件加工表面相交所形成的棱边需要去毛刺；对未注线性尺寸和几何公差应进行约定，以免设计、制造、验收时没有统一依据。修改后的图样如图4-11所示，重新读出零件新的技术要求如表4-4所示。

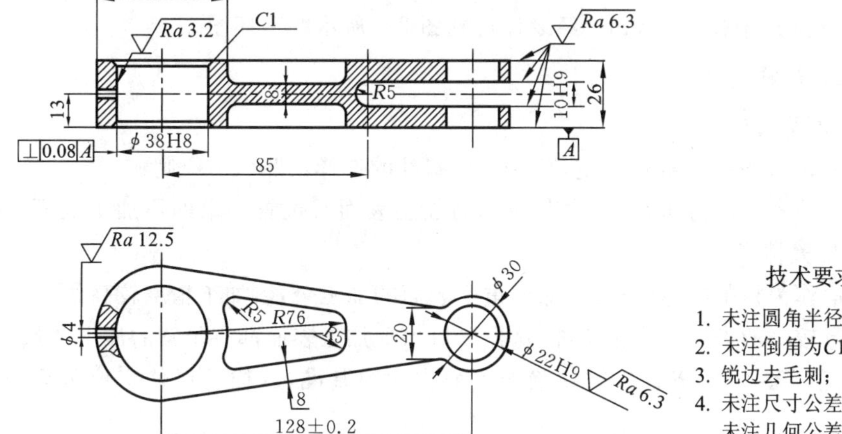

技术要求

1. 未注圆角半径为R3~R5；
2. 未注倒角为C1；
3. 锐边去毛刺；
4. 未注尺寸公差按GB/T 1804—c，未注几何公差按GB/T 1184—L。

图4-11　修正的手柄零件图

表 4-4 手柄零件加工表面及其加工要求

加工面	尺寸和几何精度要求	表面粗糙度要求
两平面	距离 26 mm,未注公差尺寸,要求有一定的对中性,是大头孔的基准面	Ra 6.3
大头孔	ϕ38H8($^{+0.039}_{0}$) mm,孔口倒角 C1,与侧面的垂直度公差为 0.08 mm	Ra 3.2
小头孔	ϕ22H9($^{+0.052}_{0}$)mm,孔口倒角 C1,与大头孔中心距为(128±0.2)mm	Ra 3.2
槽	槽宽 10H9($^{+0.043}_{0}$)mm,控制槽底中心与大头孔中心的距离为 85 mm	Ra 6.3
径向孔	注油孔 ϕ4mm,通过两孔的中心连线及两侧对称面	Ra 12.5
孔口倒角	ϕ38H8($^{+0.039}_{0}$)mm 及 ϕ22H9($^{+0.052}_{0}$)mm,孔口倒角 C1	Ra 12.5
所有棱边	零件加工表面相交所形成的棱边去毛刺	√
未注公差表面	线性尺寸按 GB/T 1804—c,几何公差按 GB/T 1184—L	—

3. 毛坯设计

零件的材料是 45 钢,根据表 2-5,既可以选择锻件,也可以选择铸件,还可以选择型材。考虑手柄在使用中经常运动,承受较大的弯扭冲击载荷,并考虑中批到大批生产类型以及经济性,选用锻件,以保证零件工作可靠。由于零件的尺寸不大,故可以采用模锻成形。这从提高毛坯精度、提高劳动生产率上来考虑也是应该的。

零件属于上下对称型,模锻件的分模面可选在厚度的平分面上,分模线为平直分模线。45 钢属碳的质量分数小于 0.65%的碳素钢,故材质系数为 M_1;复杂系数约为 1,为 S_1 级;厚度为26 mm,按照普通级,由表查得其公差为$^{+0.9}_{-0.3}$ mm,由表查得厚度方向的加工余量为1.5～2.0 mm。最终确定毛坯厚度尺寸为 28 $^{+0.9}_{-0.3}$ mm。根据长宽比、高宽比查表 2-9 确定模锻斜度为 7°,查表 2-10 确定内圆角半径为 2 mm、外圆角半径为 5 mm。经设计得到图 2-3 所示的毛坯图。

4. 机械加工工艺规程设计

1) 基面和定位方案的选择

粗基准的选择一般以设计基准作为定位基准,粗基准的选择按照以下原则:

(1) 选择不加工的表面作为粗基准,尤其应选与加工表面有位置要求的不加工表面,这样可以保证加工面的位置精度;

(2) 选重要表面作为粗基准,这样可以保证重要表面的加工余量,加工精度较高;

(3) 选加工余量较小的表面作为粗基准,这样可以保证加工表面都有足够的加工余量;

(4) 选平整、光洁,无飞边、浇冒口等缺陷的表面作为粗基准,这样可以使定位可靠、夹紧方便;

(5) 粗基准只选用一次,应避免重复使用,这样可以避免较大定位误差。

根据以上原则,考虑零件的具体情况,应选择手柄的下表面 *A* 作为粗基准来加工上表面

B,在左右两边用 V 形块定位,从而消除了 6 个自由度,达到完全定位,如图 4-12 所示。

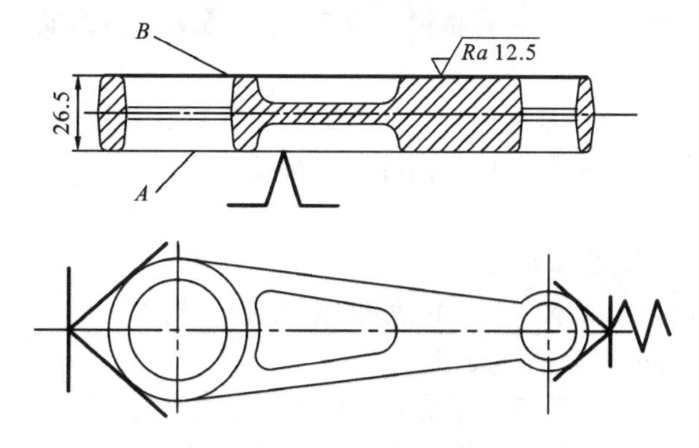

图 4-12 手柄零件粗基准选择和定位方案简图

精基准的选择主要考虑基准重合和基准统一的问题。在已经加工出一个表面 B 的情况下,就可以把它作为精基准使用。在本例中,可以把经过粗加工的表面 B 看做零件图中的基准 A,它既是设计基准又是定位基准,基准重合。加工孔时也采用相同的面作为定位基准,故基准是统一的。

2) 各表面的加工方法的确定

依据各种加工方法的经济精度和表面粗糙度、已确定的生产纲领、零件的结构形状和尺寸大小等因素来选择各表面的加工方法。

先考虑主要加工表面。对两个大平面,因厚度尺寸 26 mm 是未注公差尺寸,表面粗糙度 Ra 要求 6.3 μm,查图 2-7 可知,粗铣、粗刨、粗车、粗拉均可达到加工精度要求,考虑大平面要作为孔的基准使用,也可以分粗、精两个阶段加工,适当提高基准面的精度。本例的设备和工艺装备拟采用"通用+专用"结合原则,需设计专用夹具来解决安装的问题,故零件的结构形状对安装的影响可以不予考虑。这几种加工方法的加工效率是有区别的,一般情况下,拉的加工效率大于车(铣)的,车(铣)的大于刨的。车和铣对比,车手柄平面属于断续加工,加工中易发生振动、冲击,刀具容易破损,对定位夹紧要求高,表面质量不易控制,因此可以次于铣考虑。首选拉还是铣,主要由生产实际的要求和设备、工艺装备的具体情况确定,在无生产实际具体情况可用时均可以选用,本例可选定铣。对两个孔有尺寸精度、位置精度要求,毛坯已预留孔,查图 2-6 可知,可行的加工方案有扩-铰、粗镗-精镗,仍视生产实际情况确定。加工槽相当于同时加工两个平面和底部,根据上述平面加工方法的选择和底部特殊结构的需要,选择粗铣,或者粗铣→精铣。

再考虑次要加工表面。径向孔的加工选择钻;各孔口的倒角既可以附加在孔的加工工序中完成,也可以单独锪削加工;棱边的去毛刺辅助工序可安排钳工完成。

确定的各表面加工方法如表 2-11 所示。

3) 制订工艺路线

制订工艺路线就是把上一步确定的各表面孤立的加工方法连接起来形成工艺顺序链,合理安排工序内容和进行工序的排序,使零件在完成工艺路线后尺寸精度、几何精度、表面粗糙度和其他技术要求全部得到合理的保证。

安排工序内容时,在生产纲领已确定为中批到大批的情况下,尽可能采用工序集中原则,充分发挥专用夹具的作用,缩短辅助时间来提高生产率。对本例而言,如安排:粗铣 A 面,再粗铣

B 面，在一道工序内完成；精铣 A 面，再精铣 B 面，在一道工序内完成；粗镗大头孔，再粗镗小头孔，在一道工序内完成；精镗大头孔，再精镗小头孔，在一道工序内完成。这样就应用了工序集中原则。

进行工序的排序时，要遵循基准先行、先粗后精、先面后孔等原则。对手柄来说，可以拟订很多条可能的工艺顺序链，下面是其中的两种工艺路线方案。

(1) 工艺路线方案一。

工序Ⅰ　粗铣两端面至图样要求。

工序Ⅱ　粗镗 ϕ38H8 mm、ϕ22H9 mm 两孔，留精镗余量。

工序Ⅲ　铣 10H9 mm 槽至图样要求。

工序Ⅳ　精镗 ϕ38H8 mm 孔至图样要求。

工序Ⅴ　精镗 ϕ22H9 mm 孔至图样要求。

工序Ⅵ　钻 ϕ4 mm 孔至图样要求。

工序Ⅶ　倒 $C1$ 角、孔口及周边去毛刺至图样要求。

工序Ⅷ　检验。

工序Ⅸ　入库。

(2) 工艺路线方案二。

工序Ⅰ　粗铣两端面，留精铣余量。

工序Ⅱ　精铣两端面至图样要求。

工序Ⅲ　铣槽至图样要求。

工序Ⅳ　扩 ϕ38H8 mm、ϕ22H9 mm 两孔，留铰削余量。

工序Ⅴ　铰 ϕ38H8 mm、ϕ22H9 mm 两孔至图样要求。

工序Ⅵ　钻 ϕ4 mm 孔至图样要求。

工序Ⅶ　倒 $C1$ 角、孔口及周边去毛刺至图样要求。

工序Ⅷ　检验。

工序Ⅸ　入库。

(3) 工艺路线的比较分析。

列出两种以上可能方案就可以进行对比分析了。

上述两个方案各有特点：方案一是先铣两个端面，然后粗镗孔，铣槽，再次精镗孔，最后钻孔、倒角、去毛刺；方案二是先铣削，然后扩、铰两孔，再铣槽，最后是钻孔、倒角、去毛刺。两个方案相比较，总体按照基准先行、先面后孔、先粗后精的原则进行加工。方案一用镗削加工两个主要的孔，加工精度容易保证，但是由于镗夹具的操作费时，效率不高；方案二用钻—扩—铰加工两个主要的孔，加工的几何精度不容易保证，但效率较高。至于次要表面ϕ4 mm 孔，两种方案都安排在主要表面加工完后加工。由于面和孔加工后有毛刺存在，所以还要加上去毛刺的工序。通过以上分析，这两种方案都可行。

但是，再仔细分析一下，仍有一定的问题，首先是两端面的加工，安排在一个工序中完成，需要使用双面铣床，由于工件尺寸较小，夹具设计和工件安装较困难，分散加工较容易解决。其次就是 10H9 mm 槽的加工应该放在 ϕ22H9 mm 孔后面，如果放在前面加工，就会使孔加工时容易发生变形，难以保证加工精度甚至使零件报废。最后就是扩、铰分散到两道工序中加工，工序太过分散，将带来工件重复安装的弊端，既不利于保证加工精度，又会制约加工效率和增加成本。实际上，扩、铰可以通过一次装夹完成，只需换刀就可以了。最终确定的合理工艺路线如下，其他合理工艺路线如表2-12至表2-14所示。

工序Ⅰ　粗铣上端面，留余量。

工序Ⅱ　粗铣下端面至图样要求。

工序Ⅲ　扩、锪、铰 ϕ38H8 mm、ϕ22H9 mm 孔至图样要求。

工序Ⅳ　铣10H9 mm槽至图样要求。

工序Ⅴ　钻 ϕ4 mm 孔至图样要求。

工序Ⅵ　倒角、去毛刺至图样要求。

工序Ⅶ　检验。

工序Ⅷ　入库。

4) 选择设备和工艺装备

(1) 机床选择。

首先根据工件尺寸，查《机械加工工艺手册》选出适用的设备。本例对铣床的选择有特殊要求，工件的最大三维尺寸为166 mm×54 mm×28 mm，所有常用铣床均能满足加工尺寸的要求。由于槽底部的特殊需要，可选择卧式铣床配圆弧刃盘形铣刀，或者选择立式铣床配立铣刀。从加工效率、刀具的刚度和使用寿命上来说，前者更优。但若采用圆弧刃盘形铣刀不一定能选到标准刀具，而采用立铣刀却容易选到，因此生产实际条件对设备的选择起决定性作用。

其次，考虑到机床上要安装夹具，选择机床参数时要适当扩大工作台面积，使之能够容纳夹具。

选择结果如表4-5所示。其他选择方案如表2-15所示。

表4-5　手柄零件加工各机械加工工序机床选择

工序号	加工内容	机床设备	说　明
010	粗铣上端面	X5032	根据《机械加工工艺手册》，常用，工作台尺寸、机床电动机功率均合适
020	粗铣下端面	X5032	根据《机械加工工艺手册》，常用，工作台尺寸、机床电动机功率均合适
030	扩、铰孔	Z5140A	根据《机械加工工艺手册》，常用，工件孔径、机床电动机功率均合适
040	铣槽	X6130A	根据《机械加工工艺手册》，常用，工作台尺寸、机床电动机功率均合适
050	钻孔	Z5125A	根据《机械加工工艺手册》，常用，工件孔径、机床电动机功率均合适

(2) 刀具选择。

尽可能选择效率高、成本低的标准化刀具，与所用设备和加工方法匹配。选择结果如表4-6所示，其他选择方案如表2-16所示。

表4-6　手柄零件加工各机械加工工序刀具选择

工序号	加工内容	机床	刀具	说　明
010	粗铣上端面	X5032	A型可转位套式面铣刀	根据《机械加工工艺手册》，大头直径 ϕ54 mm，可以选择刀盘直径为 ϕ80 mm

续表

工序号	加工内容	机床	刀具	说明
020	粗铣下端面	X5032	A型可转位套式面铣刀	同上
030	扩、铰孔	Z5140A	锥柄扩孔钻、锥柄机用铰刀	根据GB/T 4256—2004、GB/T 1132—2004选用，尺寸待定，直柄刀具不能满足要求
040	铣槽	X6130A	圆弧刃盘形铣刀	专用刀具，通用标准刀具无法满足要求
050	钻孔	Z5125A	ϕ4 mm直柄麻花钻	根据GB/T 6135.2—2008选用标准刀具

5. 手柄机械加工典型夹具设计

1) 夹具方案设计

为了提高劳动生产率，保证加工质量，降低劳动强度，需要设计专用夹具。

工序030“扩、铰孔”所要加工的ϕ38H8 mm、ϕ22H9 mm两孔精度要求高，是关键工序，同时在加工中要使用专用夹具。经过初步分析并且根据零件的加工要求，制订了两种方案。

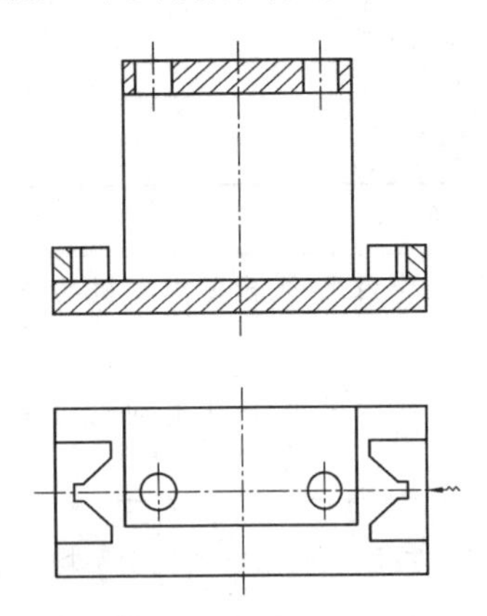

图4-13　手柄孔钻夹具设计方案示意

(1) 夹具方案一——钻夹具。

如图4-13所示，本方案采用钻床进行加工，夹具的下底面是主要的定位面，夹具左、右两侧面用V形块定位，左侧是固定V形块，右侧为活动V形块，夹紧通过对活动V形块施力实现。孔的中心距和位置精度是用钻套来保证的。在加工中，夹具的下底面是主要定位面，且钻套的中心线和下底面还有一定的垂直度要求。

(2) 夹具方案二——镗夹具。

如图4-14所示，本方案在设计时考虑用镗床进行加工，以夹具的左侧面为主要的定位基准，在上、下两个方向上用V形块定位并夹紧，右侧的两孔用来装镗套以保证孔的加工精度。

(3) 两种设计方案的对比分析。

方案一是一个钻床夹具，方案二是一个镗床夹具，两种方案各有自己的优缺点。采用方案一加工效率比较高，成本低，但加工精度不容易保证；采用方案二加工精度容易保证，但加工效率较低，成本较高。综合分析两种方案，结合手柄零件的加工精度要求较低的特点，方案一比较合适。

再认真分析一下方案一，不难发现，夹具的底面定位可靠性欠佳，本夹具是用来扩、铰ϕ38H8 mm和ϕ22H9 mm孔，这两个孔都有一定的精度要求，但是两孔之间的位置精度要求不高，所以在设计夹具时只需考虑两孔表面的精度、中心距精度和孔与平面的垂直度。ϕ38H8 mm孔的中心线和零件的底面有垂直度要求，所以在钻孔时应该以零件的底面为主要的定位基准。零件加工时必须固定，定位可靠，所以必须限制其他的自由度。零件的左、右端是圆形的，所以设计时用两个V形块实现定位并夹紧。由于零件的主要定位基准是下底面，且零件批量较大，使定位元件表面容易磨损，这样一来就不能满足定位精度的要求，所以在下底面上要设计两块支承板作为定位元件，故设计中重点是要注意通过夹具来保证加工

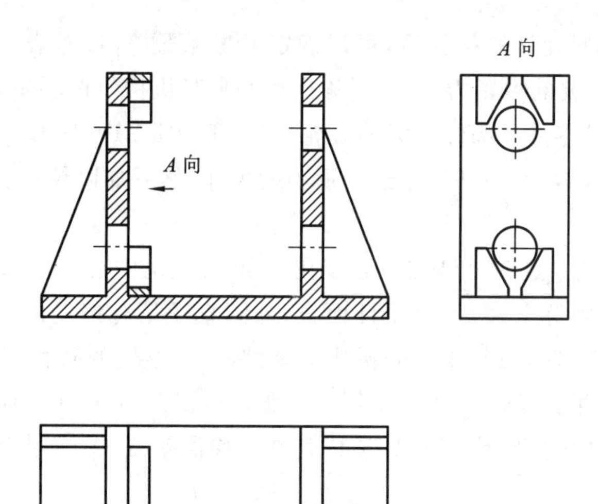

图 4-14　手柄孔镗夹具设计方案示意

精度。

2）手柄钻夹具的主要设计计算

要求估算出最大切削力，进而估算出最大夹紧力以作为夹具零件设计的依据，估算出定位误差以验证定位方案是否合理。

（1）切削力及夹紧力的计算。

① 轴向力。根据《机械加工工艺手册》查得轴向力

$$F=420d_0 f^{0.8} k_F \quad (N)$$

d_0为刀具的直径，本道工序最大直径为 $\phi 38$ mm，所以 $d_0=38$ mm；f 为进给量，最大为 1.22 mm/r；k_F为修正系数，取 1。所以最大轴向力

$$F=420\times 38\times 1.22^{0.8}\times 1=18712\ N$$

② 扭矩。根据《机械加工工艺手册》查得扭矩

$$M=0.206d_0^{2.2} f^{0.8} k_M \quad (N \cdot m)$$

已知 $d_0=38$ mm，$f=1.22$ mm/r，修正系数 k_M取 1，所以最大扭矩

$$M=0.206\times 38^{2.2}\times 1.22^{0.8}\times 1\ N\cdot m=722\ N\cdot m$$

③ 夹紧方案和夹紧力校核。由于轴向由机床工作台定位，轴向力由工作台承受，所以夹紧时这个方向的切削力可以忽略。扭矩在水平面内，沿扭矩方向是主要夹紧方向，夹紧方案如图 4-15 所示。

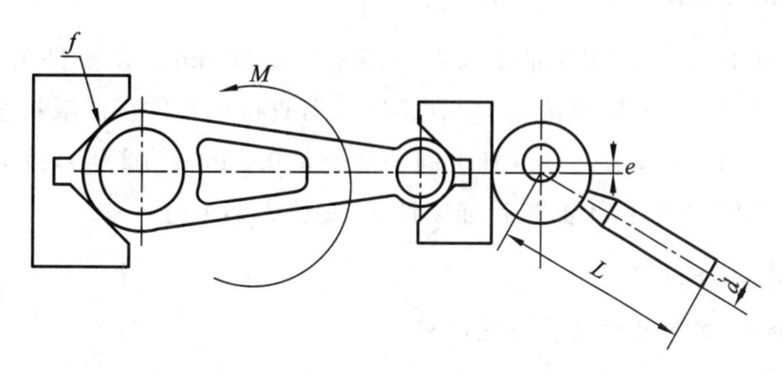

图 4-15　手柄孔钻夹具夹紧方案示意图

选择定位元件和夹紧元件的材料后，可以确定摩擦系数 f，参考表 3-10 的计算公式，可以计算出克服扭矩 M 所需要的夹紧力，然后设计出偏心夹紧机构。偏心轮和手柄都已经标准化，也可以从标准《机床夹具零件及部件　圆偏心轮》(JB/T 8011.1—1999)和《机床夹具零件及部件　固定手柄》(JB/T 8024.2—1999)中选择适当的尺寸，然后加以校核。

(2) 定位误差分析。

以 V 形块和底面定位，这时外圆的中心应在 V 形块理论中心面上，即连杆的两中心重合，无基准不重合误差。但实际上，对一批工件而言，外圆直径是有偏差的。如图 4-16 所示，当外圆直径从 D_{max} 减小到 D_{min} 时，虽然工件外圆中心始终在 V 形块的对称中心平面内而不发生左右偏移，即 V 形块在垂直于其对称面的方向上基准位移误差 $\Delta_{jy}(x)=0$，但是工件外圆中心将在 V 形块的对称平面内发生上下偏移，即造成基准位移误差 $\Delta_{jy}(z)$。由图 4-16 可知：

$$\Delta_{jy}(z)=OO'=\frac{D_{max}-D_{min}}{2\sin(\alpha/2)}$$

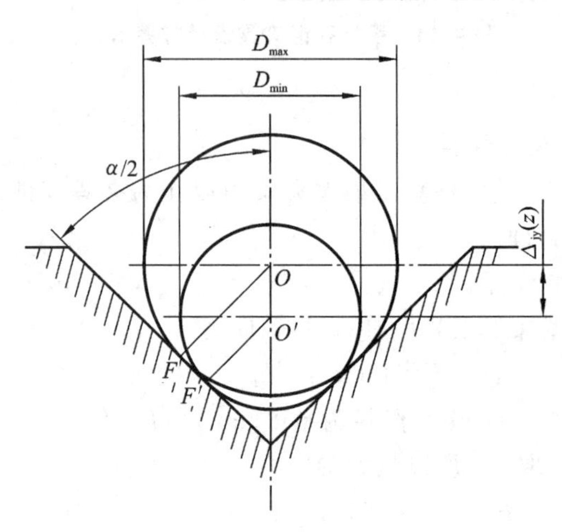

图 4-16　手柄孔钻夹具定位误差分析简图

由于零件外圆是非加工表面，所以实际误差要根据零件毛坯的制造误差来计算。基准位移误差 $\Delta_{jy}(z)$ 的存在影响加工后孔中心与毛坯外圆中心的重合情况，如果两者不重合误差过大，就会造成孔壁的厚度不均匀，严重时将影响零件的使用，故应对该误差进行估计。

按照已经确定的普通精度的模锻毛坯，按照厚度尺寸 54 mm 查《机械加工工艺手册》，得毛坯公差为1.6 mm，由此估算出 $\Delta_{jy}(z)=\frac{1.6}{2\sin45^\circ}$ mm＝1.13 mm，即加工后孔中心与毛坯外圆中心的最大不重合度为1.13 mm，引起的最大壁厚误差为 2.26 mm。从零件图上的技术要求“线性尺寸按GB/T 1804—c，几何公差按 GB/T 1184—L”，查得该零件在极限状态下的最大允许壁厚变化量为 2.6 mm(直径公差 1.6 mm 加上同轴度公差 0.5 mm 的 2 倍)，故由定位引起的最大壁厚误差不会影响零件的强度，不必进行强度计算，定位方案可行。

6. 手柄孔扩、铰工序计算

1) 机械加工余量、工序尺寸及其公差的确定

(1) ϕ38H8 mm 孔。

毛坯为制出预留孔，孔的最终精度为 H8。查《机械加工工艺手册》确定工序尺寸及加工余

量如下。

① 预留孔:工序尺寸为 ϕ34 mm。

② 扩孔:工序尺寸为 ϕ37.75H12 mm,加工余量为 3.75 mm。

③ 铰孔:工序尺寸为 ϕ38H8 mm,加工余量为 0.25 mm。

(2) ϕ22H9 mm 孔。

毛坯为制出预留孔,孔的最终精度为 H9。查图 2-6 和《机械加工工艺手册》,确定工序尺寸精度等级及加工余量如下。

(1) 预留孔:工序尺寸为 ϕ18 mm。

(2) 扩孔:工序尺寸为 ϕ21.7 mm(取经济精度等级 IT12),加工余量为 3.7 mm。

(3) 铰孔:工序尺寸为 ϕ22 mm,加工余量为 0.3 mm。

2) 切削用量及基本工时

(1) ϕ38H8 mm 孔。

① 扩 ϕ37.75H12 mm 孔。

选用 ϕ37.75 mm 专用扩孔钻。查《机械加工工艺手册》,得进给量 $f=0.72\sim1.26$ mm/r,根据机床参数,取 $f=0.96$ mm/r。取机床主轴转速 $n=68$ r/min,则其切削速度为

$$v=\frac{\pi\times37.75\times68}{1000}\ \text{m/min}=8.1\ \text{m/min}$$

取走刀长度 $l=26$ mm,切入长度 $l_1=3$ mm,切出长度 $l_2=3$ mm。得机动工时为

$$t_1=\frac{l+l_1+l_2}{nf}=\frac{26+3+3}{68\times0.96}\ \text{min}=0.49\ \text{min}$$

② 铰 ϕ38H8 孔。

选用 ϕ38H8 机用高速钢铰刀。查《机械加工工艺手册》,得进给量 $f=0.95\sim2.1$ mm/r,根据机床进给量参数,取 $f=1.22$ mm/r。取机床主轴转速 $n=68$ r/min,则其切削速度为

$$v=\frac{\pi\times38\times68}{1000}\ \text{m/min}=8.1\ \text{m/min}$$

取走刀长度 $l=26$ mm,切入长度 $l_1=3$ mm,切出长度 $l_2=3$ mm。得机动工时为

$$t_2=\frac{l+l_1+l_2}{nf}=\frac{26+3+3}{68\times1.22}\ \text{min}=0.39\ \text{min}$$

(2) ϕ22H9 mm 孔。

同上述计算,扩 ϕ21.7H12 mm 孔的机动工时为

$$t_3=\frac{l+l_1+l_2}{nf}=\frac{26+3+3}{68\times0.72}\ \text{min}=0.65\ \text{min}$$

铰 ϕ22H9 mm 孔的机动工时为

$$t_4=\frac{l+l_1+l_2}{nf}=\frac{26+3+3}{68\times1.22}\ \text{min}=0.39\ \text{min}$$

4.3.3 设计结果摘录

本题设计结果包含:锻造毛坯图 1 张,工艺过程卡 1 份,工序卡 1 份,夹具总装图、夹具零件图和被加工零件图 1 套(含 CAD 图、三维造型图和三维动画),设计说明书 1 份。摘录部分结果如表 4-7、表 4-8 和图 4-17 至图 4-19 所示。

表 4-7 年产量为 5000 件的手柄的机械加工工艺过程卡

<table>
<tr><td colspan="2" rowspan="3">××职业技术学院
××系</td><td rowspan="3" colspan="3">机械加工工艺过程卡</td><td>零件名称</td><td>手柄</td><td>材料牌号</td><td>45</td></tr>
<tr><td>年 产 量</td><td>5000</td><td>毛坯种类</td><td>模锻件</td></tr>
<tr><td>批 量</td><td>大批</td><td>每毛坯件数</td><td>1</td></tr>
<tr><td>工序号</td><td>工序名称</td><td colspan="5">工序内容</td><td>机床型号</td><td>刀 具</td></tr>
<tr><td>Ⅰ</td><td>铣</td><td colspan="5">粗铣上端面至尺寸(27±0.5) mm</td><td>X5032</td><td>面铣刀</td></tr>
<tr><td>Ⅱ</td><td>铣</td><td colspan="5">粗铣下端面至尺寸(26±0.5) mm,达到图样要求</td><td>X5032</td><td>面铣刀</td></tr>
<tr><td>Ⅲ</td><td>扩、铰</td><td colspan="5">扩 ϕ38H8 mm 孔至 ϕ31.75H12 mm,铰至 ϕ38H8 mm;
扩 ϕ22H9 mm 孔至 ϕ21.7H12 mm,铰至 ϕ22H9 mm</td><td>Z5140A</td><td>扩孔钻、铰刀</td></tr>
<tr><td>Ⅳ</td><td>铣</td><td colspan="5">铣 10H9 mm 槽至图样要求</td><td>X6130A</td><td>立铣刀</td></tr>
<tr><td>Ⅴ</td><td>钻</td><td colspan="5">钻 ϕ4 mm 孔至尺寸 ϕ4±0.3 mm</td><td>Z5125A</td><td>麻花钻</td></tr>
<tr><td>Ⅵ</td><td>倒角</td><td colspan="5">孔口倒角 C1</td><td>Z5125A</td><td></td></tr>
<tr><td>Ⅶ</td><td>去毛刺</td><td colspan="5">钳工去毛刺</td><td></td><td>钳工工具</td></tr>
<tr><td>Ⅷ</td><td>检验</td><td colspan="5"></td><td></td><td></td></tr>
<tr><td>Ⅸ</td><td>入库</td><td colspan="5"></td><td></td><td></td></tr>
<tr><td>设计者</td><td>×××</td><td>设计日期</td><td></td><td>指导教师</td><td colspan="2">×××</td><td>日 期</td><td></td></tr>
</table>

表 4-8 手柄 ϕ38H8 mm 和 ϕ22H9 mm 孔的扩、铰机械加工工序卡

<table>
<tr><td colspan="2">××职业技术学院
××系</td><td>机械加工工序卡</td><td>工序名称</td><td colspan="2">扩、铰孔</td><td>工序号</td><td>030</td></tr>
<tr><td rowspan="10">工序简图</td><td colspan="2" rowspan="10">$128^{+0.2}_{-0.2}$</td><td>零件名称</td><td>手柄</td><td>零件号</td><td colspan="2">001</td></tr>
<tr><td>零件质量</td><td>1.1 kg</td><td>每毛坯同时加工零件数</td><td colspan="2">1</td></tr>
<tr><td colspan="2">材 料</td><td colspan="3">毛坯</td></tr>
<tr><td>牌号</td><td>硬度</td><td>形式</td><td colspan="2">质量</td></tr>
<tr><td>45</td><td>200 HB</td><td>模锻</td><td colspan="2">1.3 kg</td></tr>
<tr><td colspan="2">设 备</td><td>夹具</td><td colspan="2">辅助工具</td></tr>
<tr><td>名称</td><td>型号</td><td rowspan="2">专用夹具</td><td rowspan="2" colspan="2">内径千分尺</td></tr>
<tr><td>立式钻床</td><td>Z5140A</td></tr>
<tr><td>设计者</td><td>×××</td><td>指导教师</td><td colspan="2">×××</td></tr>
</table>

工步号及名称	安装及工步说明	刀 具	走刀长度/mm	走刀次数	背吃刀量/mm	进给量/(mm/r)	主运动转速/(r/min)	切削速度/(m/min)	基本工时/min
工步 1	扩 ϕ37.75 mm 孔	ϕ37.75 mm 扩孔钻	26	1	1.9	0.96	68	8.1	0.49
工步 2	铰 ϕ38H8 mm 孔	ϕ38H8 mm 机用高速钢铰刀	26	1	0.1	1.22	68	8.1	0.39
工步 3	扩 ϕ21.7 mm 孔	ϕ21.7 mm 扩孔钻	26	1	1.9	0.72	68	4.6	0.65
工步 4	铰 ϕ22H9 mm 孔	ϕ22H9 mm 机用高速钢铰刀	26	1	0.1	1.22	68	4.6	0.39

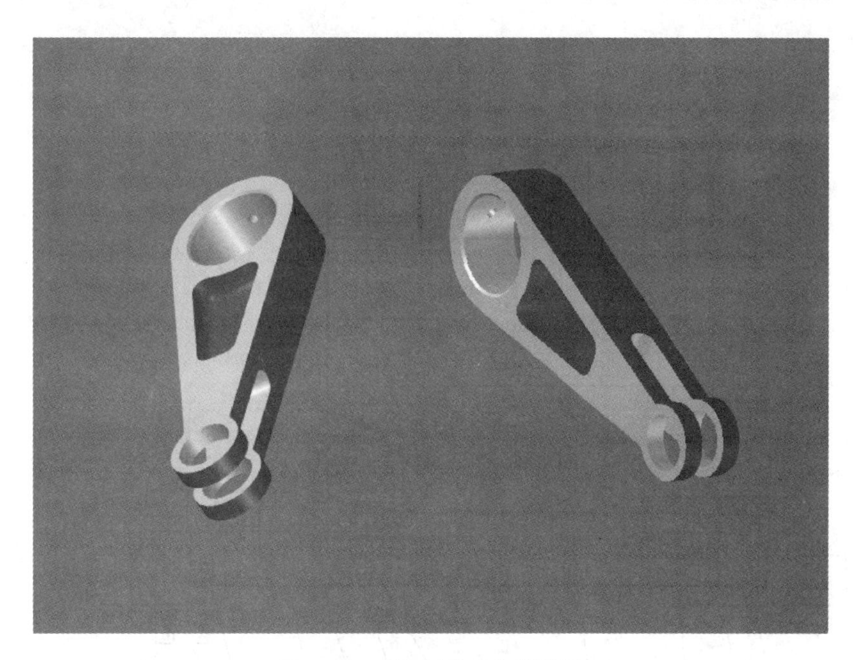

图 4-17 手柄零件三维造型图

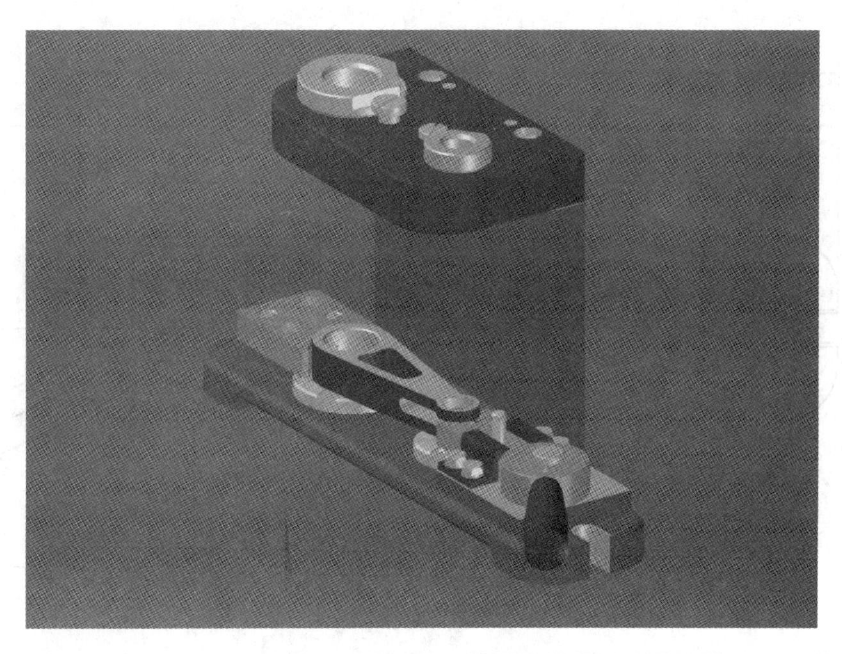

图 4-18 手柄钻夹具三维造型图

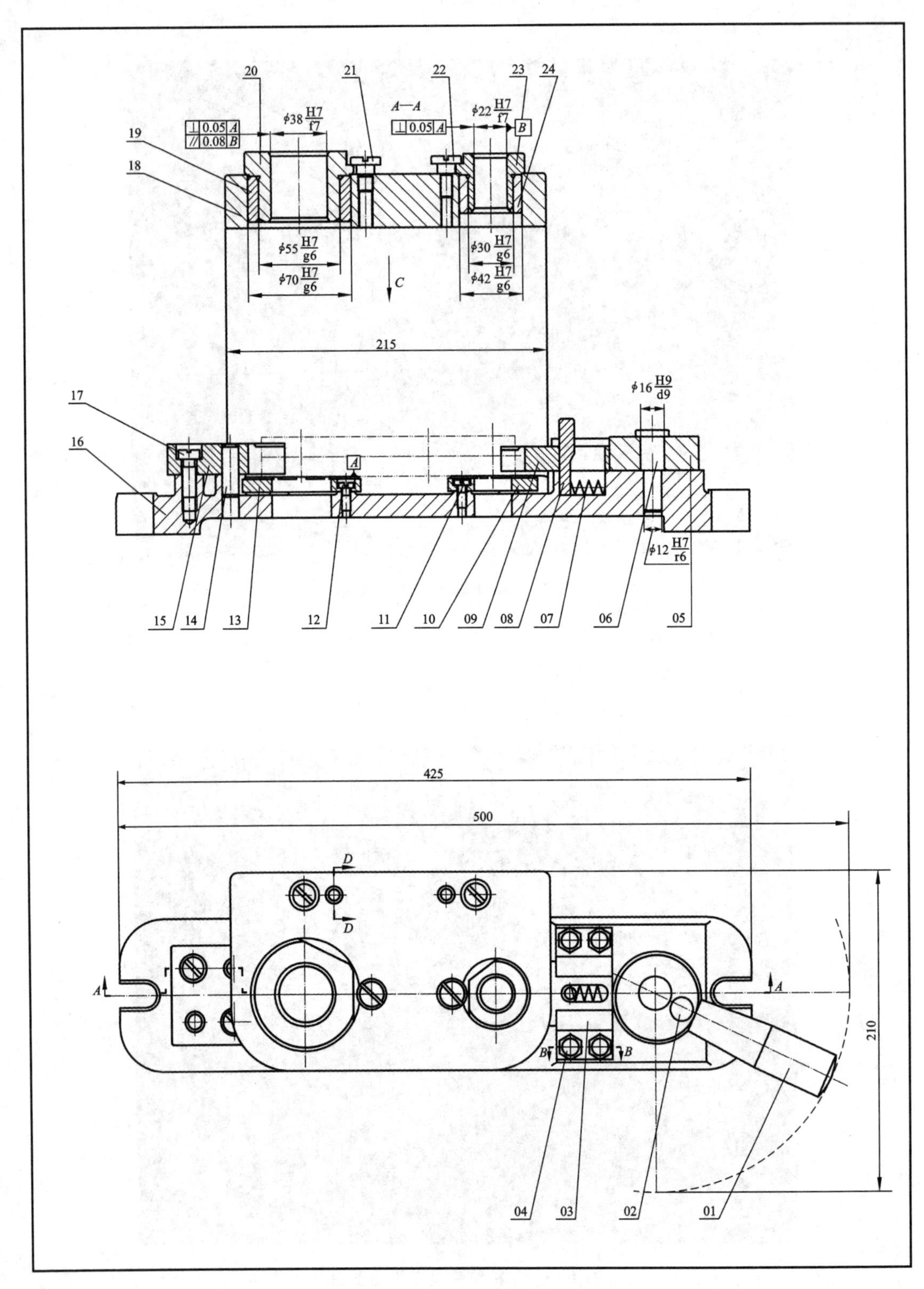

图 4-19　手柄钻夹具装配图

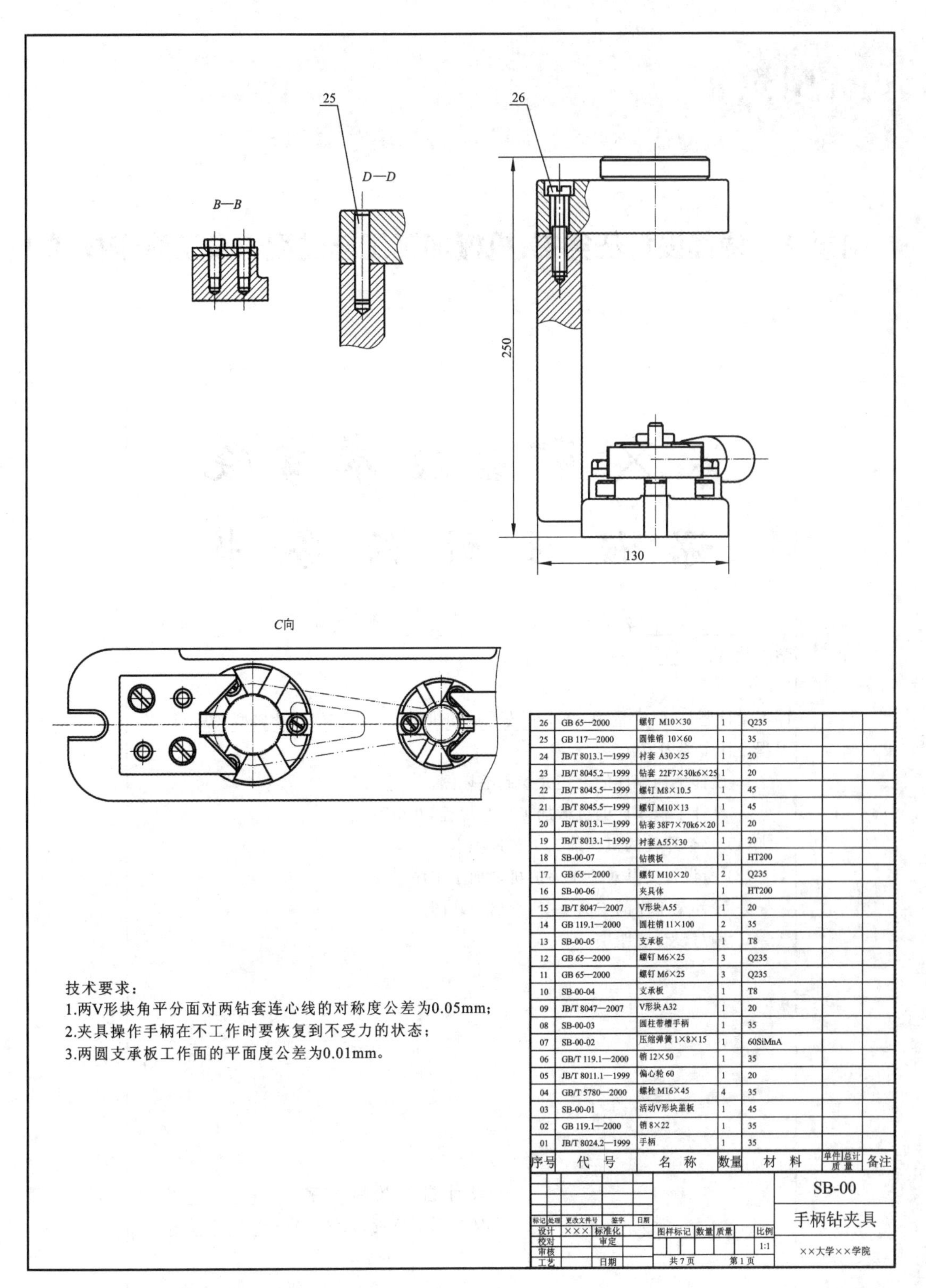

序号	代号	名称	数量	材料	单件 质量	总计 质量	备注
26	GB 65—2000	螺钉 M10×30	1	Q235			
25	GB 117—2000	圆锥销 10×60	1	35			
24	JB/T 8013.1—1999	衬套 A30×25	1	20			
23	JB/T 8045.2—1999	钻套 22F7×30k6×25	1	20			
22	JB/T 8045.5—1999	螺钉 M8×10.5	1	45			
21	JB/T 8045.5—1999	螺钉 M10×13	1	45			
20	JB/T 8013.1—1999	钻套 38F7×70k6×20	1	20			
19	JB/T 8013.1—1999	衬套 A55×30	1	20			
18	SB-00-07	钻模板	1	HT200			
17	GB 65—2000	螺钉 M10×20	2	Q235			
16	SB-00-06	夹具体	1	HT200			
15	JB/T 8047—2007	V形块 A55	1	20			
14	GB 119.1—2000	圆柱销 11×100	2	35			
13	SB-00-05	支承板	1	T8			
12	GB 65—2000	螺钉 M6×25	3	Q235			
11	GB 65—2000	螺钉 M6×25	3	Q235			
10	SB-00-04	支承板	1	T8			
09	JB/T 8047—2007	V形块 A32	1	20			
08	SB-00-03	圆柱带槽手柄	1	35			
07	SB-00-02	压缩弹簧 1×8×15	1	60SiMnA			
06	GB/T 119.1—2000	销 12×50	1	35			
05	JB/T 8011.1—1999	偏心轮 60	1	20			
04	GB/T 5780—2000	螺栓 M16×45	4	35			
03	SB-00-01	活动V形块盖板	1	45			
02	GB 119.1—2000	销 8×22	1	35			
01	JB/T 8024.2—1999	手柄	1	35			

续图 4-19

附录

附录 A　课程设计任务书、机械加工工艺过程卡及工序卡样式

×× 职业技术学院

课 程 设 计 任 务 书

________学院____________专业______年级

学生姓名：______

课程设计题目：年产量为 5000 件的手柄的机械加工工艺规程及典型夹具

课程设计主要内容：

1. 设计手柄零件的毛坯并绘制毛坯图。
2. 设计手柄零件的机械加工工艺规程，并填写：

(1) 整个零件的机械加工工艺过程卡；

(2) 所设计夹具对应工序的机械加工工序卡。

3. 设计某工序的夹具 1 套，绘出总装图。
4. 编写设计说明书。

设 计 指 导 教 师(签字)：______

教学系部负责人(签字)：______

年　　月　　日

图 A-1　课程设计任务书样式

表 A-1　课程设计的机械加工工艺过程卡样式(参考 JB/T 9165.2—1998)

	(单位名称)		机械加工工艺过程卡	产品型号			零件图号		共　页
				产品名称			零件名称		第　页
	材料牌号		毛坯种类 / 毛坯外形尺寸		每毛坯可制件数		每台件数	备　注	
	工序号	工序名称	工　序　内　容	车间	工段	设备	工　艺　装　备	工　时 准终	工　时 单件
描图									
描校									
底图号									
装订号									

											设计(日期)	审核(日期)	标准化(日期)	会签(日期)
	标记	处数	更改文件号	签字	日期	标记	处数	更改文件号	签字	日期				

表 A-2 课程设计的机械加工工序卡样式(参考 JB/T 9165.2—1998)

(单位名称)	机械加工工序卡	产品型号		零件图号		共 页
		产品名称		零件名称		第 页
(工序简图)		车 间	工 序 号	工 序 名 称		材料牌号
		毛坯种类	毛坯外形尺寸	每毛坯可制件数		每台件数
		设备名称	设备型号	设备编号		同时加工件数
		夹 具 编 号		夹 具 名 称		切削液
		工位器具编号		工位器具名称		工序工时
						准终 / 单件

	工步号	工 步 内 容	工艺装备	主轴转速 /(r/min)	切削速度 /(m/min)	进给量 /(mm/r)	吃刀量 /mm	进给次数	工步工时 机动	工步工时 辅助
描图										
描校										
底图号										
装订号										

										设计(日期)	审核(日期)	标准化(日期)	会签(日期)
	标记	处数	更改文件号	签字	日期	标记	处数	更改文件号	签字	日期			

附录 B　课程设计说明书封面及目录样式

××××职业技术学院

课程设计说明书

设计题目________________________________

____

班　　别________________

设 计 者________________

指导教师________________

评定成绩________________

设计日期　　　年　月　日　至　月　日

目　　录

参考文献 CANKAOWENXIAN

[1] 吴拓. 机械制造工艺与机床夹具设计指导[M] . 2 版. 北京:机械工业出版社,2010.
[2] 吴圣庄. 金属切削机床概论[M]. 北京:机械工业出版社,1985.
[3] 姜晶,刘华军,刘金萍. 机械制造技术[M]. 北京: 人民邮电出版社,2010.
[4] 李华. 机械制造技术[M]. 北京:机械工业出版社,2009.
[5] 任佳隆. 机械制造技术[M]. 北京:机械工业出版社,2012.
[6] 卢秉恒. 机械制造技术基础[M]. 北京:机械工业出版社,2011.
[7] 覃岭. 机械制造技术基础[M]. 北京:化学工业出版社,2008.
[8] 孙学强. 机械加工技术[M]. 北京:机械工业出版社,1999.
[9] 贾维邦. 金属切削机床概论[M]. 北京:机械工业出版社,1994.
[10] 张念淮,王彦林. 机械制造技术[M]. 北京:中国铁道出版社,2012.
[11] 徐发仁. 机床夹具设计[M]. 重庆:重庆大学出版社,1993.
[12] 吴永锦. 机械制造技术[M]. 北京:清华大学出版社,2009.
[13] 袁绩乾,李文贵. 机械制造技术基础[M]. 北京:机械工业出版社,2001.
[14] 黄天铭. 机械制造工艺学[M]. 重庆:重庆大学出版社,1988.
[15] 倪小丹,杨继荣. 机械制造技术基础[M]. 北京:清华大学出版社,2012.
[16] 李久之. 机械制造技术基础[M]. 上海:上海科学出版社,1998.
[17] 韩广利. 机械加工工艺基础[M]. 天津:天津大学出版社,2005.
[18] 王平章. 机械制造工艺与刀具[M]. 北京:清华大学出版社,2005.
[19] 顾崇衔. 机械制造工艺学[M]. 西安:陕西科技出版社,1988.
[20] 宇广庆. 机械制造技术[M]. 北京:北京大学出版社,2008.
[21] 苏建修. 机械制造基础[M]. 北京:机械工业出版社,2003.
[22] 张世昌. 机械制造技术基础[M]. 北京:高等教育出版社,2006.
[23] 刘守勇. 机械制造工艺与机床夹具[M]. 北京:机械工业出版社,2004.
[24] 莫持标,张旭宁. 机械制造技术[M]. 武汉:华中科技大学出版社,2016.
[25] 赵黎. 机械加工工艺与夹具设计[M]. 武汉:华中科技大学出版社,2016.